Helma Spona

HUNDE-ERZIEHUNG FÜR FREIGEISTER

Empfohlen vom Magazin HundeWelt

Inhalt

Helma Spona

HUNDE-ERZIEHUNG FÜR FREIGEISTER

Ein Leitfaden zur
selbstbestimmten
Hundeerziehung.
Für alle.

MINERVA VERLAG
MÖNCHENGLADBACH

IMPRESSUM

Der Verlag weist ausdrücklich darauf hin, dass im Text gegebenenfalls enthaltene externe Links vom Verlag nur bis zum Zeitpunkt der Buchveröffentlichung angesehen werden konnten. Auf spätere Veränderungen hat der Verlag keinerlei Einfluss. Eine Haftung ist daher von Verlagsseite ausgeschlossen.

Haftungsausschluss: Die Benutzung dieses Buchs und die Umsetzung der darin enthaltenen Informationen erfolgt ausdrücklich auf eigenes Risiko. Der Verlag und die Autorin können für etwaige Schäden jeder Art, die sich bei der Umsetzung von im Buch beschriebenen Vorgehensweisen ergeben, aus keinem Rechtsgrund eine Haftung übernehmen. Rechts- und Schadensersatzansprüche sind ausgeschlossen. Das Werk inklusive aller Inhalte wurde unter größter Sorgfalt erarbeitet. Dennoch können Druckfehler und Falschinformationen nicht vollständig ausgeschlossen werden. Der Verlag und die Autorin übernehmen keine Haftung für die Aktualität, Richtigkeit und Vollständigkeit der Buchinhalte, ebenso nicht für Druckfehler. Es kann keine juristische Verantwortung sowie Haftung in irgendeiner Form für fehlerhafte Angaben und daraus entstandene Folgen übernommen werden.

Bibliografische Information der Deutschen Nationalbibliothek
Die Deutsche Nationalbibliothek verzeichnet diese Publikation in der Deutschen Nationalbibliografie; detaillierte bibliografische Daten sind im Internet über http://dnb.dnb.de abrufbar.

Monschauer Str. 2 | D- 41068 Mönchengladbach
E-Mail: info@minervaverlag.de | Internet: www.minervaverlag.de, Shop: www.minervastore.de

Design und Layout: Annika de la Motte
Umschlaggestaltung: Minerva kreativ, unter Verwendung der folgenden Fotos:
Adobe Stock/banthita166, Jitka, igolaizola, Viorel Kurnosov, kurapatka, CandyBox Images
Fotos innen, sofern nicht anders gekennzeichnet: Spona

ISBN 978-3-910503-11-3

1. Auflage 2023

Vorwort

Seit ich mich erinnern kann, waren Hunde in meinem Haushalt. Früher als Kind, die Deutsch-Drahthaar meiner Eltern und nach dem Studium dann mein erster eigener Hund. Früher hat man sich über Erziehung wenig Gedanken gemacht. Alle liefen irgendwie so mit, man hat sie gemaßregelt, wenn was falsch lief und gelobt, wenn sie sich richtig verhalten haben. Es klappte immer.

Heute wird aus Hundeerziehung eine Wissenschaft gemacht. Warum?
Ich denke, es liegt daran, dass die Menschen vorgeben, „sozialer" zu sein, mehr Wert auf Harmonie legen als früher und mehr auf „Tierschutz" achten. Hunde sind mehr Familienmitglied als früher und weniger „Nutztier". Allerdings muss man sich bei manchen Auswüchsen in der Hundeerziehung schon fragen, ob diese Wünsche und Forderungen der Hundehalter auch erfüllt werden, bei den Trainingsmethoden, die sie nutzen.

Ist es wirklich hilfreich und sinnvoll für den Hund, wenn wir ohne Strafen im Sinne der Lerntheorie erziehen wollen? Lassen wir unseren Sozialpartner Hund nicht oft unwissend im Regen stehen, statt ihm klar zu kommunizieren, was wir möchten und was nicht? Wäre es nicht viel zielführender, nicht gänzlich auf Strafen zu verzichten, sondern lediglich auf bestimmte Formen der Strafe?

Kann man überhaupt im Alltag gänzlich auf Strafen verzichten? Ich würde sagen, die meisten Hundehalter können es nicht, auch wenn sie es vorgeben und dies ihr Ziel ist.

In den letzten 20 Jahren, in denen ich mich mit dem Thema Hundetraining sowohl in meinem privaten Umfeld als auch im Verein als Trainerin beschäftigt habe, sind mir im Wesentlichen zwei Typen von Hundehaltern begegnet.

Die einen sind sehr zaghaft und zurückhaltend, weil sie nichts falsch machen möchten und vor jeder Reaktion auf eine Aktion des Hundes erst mal nachdenken und diskutieren müssen, was sie jetzt tun sollten. Dann ist der Zeitraum für eine Reaktion schon verstrichen, bis sie das Ergebnis haben. Geraten diese Hundeführer an einen Hund mit Dominanzverhalten oder Dominanzaggression, endet das für den Hund oft sehr schnell in einem Besitzerwechsel, wenn nicht noch schlimmer. Den Hunden fehlt die Führung und Orientierung, weil in wichtigen Situationen eine Reaktion des Halters ausbleibt. Und dann übernimmt schnell der Hund die Führung. Natürlich kommen diese Hundehalter, sofern sie das möchten, ohne Strafe aus, denn sie handeln nicht impulsiv und brauchen für alles einen Plan. Oft handeln sie daher gar nicht, wo sie handeln sollten. Der Hund aber, der bei diesen Menschen lebt, bekommt in der Regel selten relevante Informationen von seinem Menschen und kann daher gar nichts lernen.

Und dann gibt es die impulsiven und aktiven Menschen, die mit ihrem Hund vielleicht nicht immer richtig umgehen, aber sie sind schnell in ihrer Reaktion.

Über Helma Spona

Der Hund hat die Chance zu verstehen, wenn was nicht erwünscht ist. Der Hund rempelt diesen Hundeführer so an, dass es weh tut und erfährt eine Reaktion, nämlich ein lautes „Aua" oder „lass das" vom Hundehalter, das eben situationsbedingt ohne Nachdenken aus ihm rauskommt. Aber diese Reaktion, auch wenn sie bei entsprechendem Tonfall laut Lerntheorie bereits eine „Strafe" ist, ist eben etwas, das dem Hund klar macht, „das war jetzt nicht gut". Und aus dieser Erfahrung kann unser Hund schnell und effizient lernen, was er nicht soll. Diese Hundeführer können im Alltag nicht auf „Strafe" im Sinne der Lerntheorie verzichten, denn sie handeln impulsiv und ohne Plan. Meist sind Hunde dieser Halter aber die besser erzogenen, da sie eben nicht nur lernen, was sie sollen, sondern auch, was sie nicht dürfen. Damit erreichen sie oft einen viel größeren Grad an Freiheit im Alltag.

Ich stehe sowohl beim Training im Hundesport, wie auch in der Alltagserziehung für klare Kommunikation. Und das kann eben auch mal bedeuten, dass unser Hund frustriert ist oder kurzzeitig beeindruckt. Dabei geht es nicht darum, den Hund ständig anzumotzen oder ihn runterzumachen, oder gar körperliche Strafe anzuwenden, sondern dem Hund einfach durch ein „Nein" oder „Lass das" oder passender Körpersprache im richtigen Moment klar zu machen, was er nicht tun soll. Und das heißt auch, dass er belohnt wird, wenn er sich vernünftig benimmt. Das ist faire Kommunikation, bei der unser Hund auch Frustrationstoleranz ganz nebenbei lernt.

*1968 in Orsoy geboren, hat **Helma Spona** nach dem Studium der Wirtschaftswissenschaften eine IT-Beratung gegründet und Bücher zu IT-Themen verfasst. 2002 zog ihr erster Hund ein, mit dem sie recht zügig zum Hundesport kam und zunächst Fährte, später Obedience gemacht hat. Im Verein hat sie Trainerscheine für IGP und Obedience erworben und ist seit 2010 als Trainerin in ihrem Verein aktiv. Seit 2016 ist sie Obedience-Leistungsrichterin im DVG und hat 2016 ihr erstes Buch zum Thema Obedience veröffentlicht.*

Nur so wird unser Hund schnell und sicher zum netten Alltagsbegleiter und Familienhund oder auch zum besten Kumpel beim Sport. Wenn du auch ein fairer und verständlicher Sozialpartner für deinen Hund sein möchtest, dann lies einfach weiter und erfahre wie.

Helma Spona, Kerken, 2023

So trainiere ich effektiv

Wie lernt der Hund? Und wie lernt der Hund so, dass er dieses Wissen immer abrufen kann? Damit er nicht nur im Garten „Bei Fuß" läuft, sondern auch mitten auf dem belebten Marktplatz?

In diesem Kapitel erfahren Sie, wie Hunde gut und nachhaltig lernen. Mit diesen Basics legen Sie die Grundlage für den Trainingserfolg.

Wie Hunde lernen – der Basis-Leitfaden

Die wichtigsten Begriffe müssen klar sein. Sie brauchen keine Angst vor der Theorie zu haben. Denn wenn Sie die Basics einmal begriffen haben, eröffnet sich Ihnen der Einblick in eine neue Welt voller neuer Chancen und Möglichkeiten.

Unsere Hunde lernen zu einem großen Teil durch klassische Konditionierung. Dabei wird ein Signal mit einem Verhalten verknüpft. Ein Beispiel: Der Hund setzt sich von alleine, ich sage „Sitz"! Irgendwann hat der Hund das Kommando mit seinem Handeln verknüpft und setzt sich, sobald er das Kommando „Sitz" hört.

Aus dem Grund beobachten gute Trainer ihre Welpen so aufmerksam wie ein Luchs. Denn sobald die Kleinen ein Verhalten von sich aus anbieten, können wir es mit einem Kommando verknüpfen.

Eine Verknüpfung zwischen Signal und Verhalten geschieht im einfachsten Fall schon dann, wenn wir immer wieder das Kommando sagen, wenn der Hund das gewünschte Verhalten zeigt.

Die Verknüpfung erfolgt schneller, wenn wir gewünschtes Verhalten verstärken. Wenn wir also belohnen, was gut ist. Und was ist mit Strafe? Dazu kommen wir auch noch.

Begriffe: Was ist was? Verstärker, Belohnung und Strafe

- **Verstärker:** Unter Verstärker versteht man alle Konsequenzen für ein Verhalten, die dazu führen, dass der Hund das gewünschte Verhalten häufiger zeigt. Dabei gibt es negative und positive Verstärker.
- **Positive Verstärker:** Der Hund bekommt etwas Schönes. Es zeigt ihm, dass er alles richtig gemacht hat. Das ist ein Lob oder ein Leckerchen.
- **Negative Verstärker:** Etwas Unangenehmes hört auf.
- **Strafen:** Neben den Verstärkern gibt es auch noch Strafen. Auch diese werden in negative und positive Strafen eingeteilt.
- **Positive Strafe:** Das klassische NEIN. Der Hund bekommt eine negative Konsequenz, wie einen Leinenruck, eine verbale Rüge oder etwas Ähnliches.
- **Negative Strafe:** Etwas Positives wird verweigert, z.B. wird ein Spiel beendet, wenn der Hund zu wild wird.

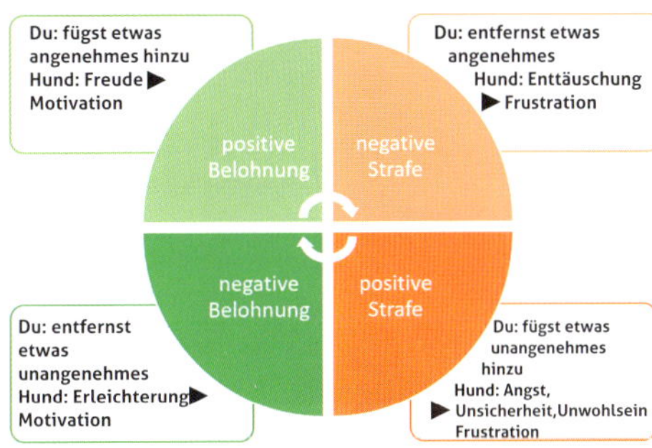

Bei der positiven Belohnung fügen wir dem Hund etwas Angenehmes hinzu, wie ein verbales Lob, ein Spiel oder eine Futterbelohnung. Bei der negativen Belohnung entfernen wir etwas Unangenehmes. Wenn der Hund bspw. in strammer Leine steht, weil er in eine andere Richtung möchte als wir, sich dann aber zu uns umdreht. Dann wird die Leine locker und der unangenehme Zug auf Halsband oder Geschirr lässt nach. In diesem Fall handelt es sich hier um eine negative Belohnung, die bewirkt, dass der Hund sich auf Dauer schneller und häufiger in unsere Richtung dreht, statt in strammer Leine zu stehen. Daneben gibt es eben noch die Strafen, die bewirken, dass ein Verhalten seltener gezeigt wird. Die positive Strafe, wie bspw. ein Leinenruck, fügt dem Hund etwas Unangenehmes hinzu, während die negative Strafe etwas Positives entfernt.

Grundsätzlich gilt: Strafen führen zur Frustration beim Hund, Verstärker (=Belohnungen) führen zur Motivation.

Muss Strafe wirklich sein?

Stellen wir uns folgende Situation vor. Wir stehen auf einem Sportplatz, vor uns ein paar Stangen. Ein Trainer soll uns beibringen, sie auf spezielle Art und Weise zu überqueren, er hat dazu aber nur das Signal JA zur Verfügung.

Nun die zweite Variante: Hier hat der Trainer ein JA und ein NEIN zur Verfügung.

Mit welcher Methode lernen wir wohl schneller? Welche begleitet uns klarer? Und wo fühlen wir uns sicherer? Gut geführt? Ganz klar, es ist die zweite Methode. Eine möglichst enge Führung trägt dazu bei, ein Verhalten von Beginn an schnell zu erlernen. Diese kurzen Frustrationen, die ein Fehlverhalten von Beginn an zur Folge haben, helfen uns, schnell ans Ziel zu kommen.

Stellen wir uns das Ganze umgekehrt vor: Wir laufen in die falsche Richtung und erhalten keine Rückmeldung. Bis wir das registrieren, sind wir vielleicht schon eine ganze Zeit lang auf dem Irrweg und müssen mühselig herausfinden, ab wann wir falsch abgebogen sind. Ein solches Verhalten führt zur Frustration. Die Managementtrainerin Vera F. Birkenbihl entwickelte Schnell-Lern-Programme zum gehirngerechten Lernen. Sie wies nach, dass wir schneller lernen, wenn wir von Anfang an engmaschig mit Ja und Nein geführt werden. Selbst kleine Fehler sollen von Beginn an korrigiert werden, so erreicht man in kurzer Zeit, dass sich im Gehirn nur die Vernetzungen bilden, die perfekt sind. MRT-Scans von lernenden Hunden legen nahe, dass es bei unserem Vierbeiner auch so ist.

Schon seit geraumer Zeit ist Strafe in der Hundeerziehung verpönt und viele Hundeschulen werben damit, rein positiv zu trainieren. Mit dem Wissen von heute ist dies aber nicht effektiv und frustriert den Hund. Leichte negative Konsequenzen, wie ein deutliches „NEIN", ein Erstarren der Körperhaltung oder das Vornüberbeugen liefern dem Vierbeiner dagegen Informationen, die ihn weiterbringen. Auch das sind per Definition aber schon Strafen. Sie funktionieren und sind sinnvoll, aber nur dann, sofern der Tonfall angemessen gewählt ist und zum Wesen des Tieres passt. Eine Strafe ist niemals emotional, also wütend. Es ist lediglich die Information: Da bist du auf dem Holzweg, falsche Richtung. Hat der Hund das verinnerlicht, fühlt er sich sicherer, weil er schneller lernt, was er nicht darf.

Was wir im Training nicht nutzen sollten

Negative Belohnung kann nur wirken, wenn zuvor ein sehr unangenehmer Zustand für den Hund herbeigeführt wird. Nur dann kann die Beendigung dieses Zustands ja zu Erleichterung und Motivation beim Hund führen. Das heißt, dass wir dem Vierbeiner zunächst Stress und/oder Schmerzen hinzufügen müssen, damit wir als eine Art Belohnung für kooperatives Handeln diesen Stress oder die Schmerzen beenden. Ungut. Es kann vorkommen, dass der Hund sich selbst in diesen Zustand manövriert. Es lässt sich nicht immer vermeiden, dass die Leine mal stramm wird. Das Lockern der Leine, durch unser oder das Verhalten unseres Hundes ist in solchen Fällen immer eine negative Belohnung.
In meinen Augen hat allerdings der bewusste Einsatz der negativen Belohnung deutlich negativere Folgen für den Hund und sein Vertrauensverhältnis zu uns, als ein „NEIN".

Welcher Lerntyp ist mein Hund? Draufgänger oder Denker? Was das fürs Training bedeutet.

Auch Hunde lernen unterschiedlich. Der eine eher passiv, indem er sich von Signalen und Belohnung berieseln lässt, der andere ist aktiv und neugierig und probiert gerne aus. In gewissem Rahmen können wir unseren Hund in die ein- oder andere Richtung dirigieren, um seinen Lernerfolg zu optimieren und an unsere bevorzugten Trainingsmethoden anzupassen. Ganz wird man seinen Vierbeiner aber niemals umkrempeln können, schon gar nicht einen erwachsenen. Daher ist es wichtig, zuerst einmal zu ermitteln, in welche Kategorie unser Hund gehört.
Dazu hilft die folgende Tabelle. Wer die Fragen gewissenhaft beantwortet und den Wert in die rechte Spalte schreibt, erhält als Summe den wahrscheinlichen Lerntyp seines Hundes.

Tabelle 1: Bitte die Fragen gewissenhaft beantworten und den Wert auf einer Skala von 1 bis 10 in die rechte Spalte schreiben.

	Bewertung des Hundes auf einer Skala von	Wert
Ihr Hund ist abwartend und entspannt im Alltag	1 bis 10 *regelmäßig* *nie*	
Ihr Hund fordert Sie auf, sich mit ihm zu beschäftigen	1 bis 10 *regelmäßig* *nie*	
In neuen Situationen ist er neugierig und muss alles Neue inspizieren	1 bis 10 *regelmäßig* *nie*	
Ihr Hund versucht Sie ohne Aufforderung mit erlerntem Verhalten zu motivieren, mit ihm zu spielen oder ihn zu belohnen	1 bis 10 *regelmäßig* *nie*	
Sie haben den Eindruck, Ihr Hund benötigt manchmal ein paar Denksekunden, um ein Kommando auszuführen	1 bis 10 *regelmäßig* *nie*	
Gesamtsumme		

Bei einer Punktzahl von unter 25 ist der Hund eher der passive, ruhige Typ. Man könnte ihn auch als "Denker" bezeichnen, denn er überlegt beim Training durchaus, bevor er etwas tut. Aber er tut oft nur etwas, wenn er sich sicher ist, dass es richtig ist. Bei ganz niedrigen Werten ist dies für das Training aber nicht mehr unbedingt förderlich, weil wir solchen Hunden wirklich alles zeigen müssen, da ihnen oft die Eigeninitiative fehlt. Auf die Bedeutung für das Training kommen wir noch zurück.

Bei über 25 Punkten ist der Hund eher der Draufgänger, der Mutige, der gerne auch mal etwas ausprobiert und dabei natürlich auch Fehler riskiert. Diese Hunde zeigen viel Eigeninitiative und sind in der Regel auch deutlich aktiver. Auch hier werden wir gleich noch näher darauf zurückkommen, was das für das Training bedeutet. Der aktive Draufgänger ist oftmals kaum zu bremsen. Er riskiert eher Fehler, als "dumm rumzustehen". Das Ergebnis sind ziemlich genau 25 Punkte? Dann haben wir eigentlich den perfekten Hund, was das Training angeht. Mit entsprechenden Techniken, können wir ihn noch etwas in die ein- oder andere Richtung steuern, haben aber sonst die Möglichkeit, das Beste aus beiden Typen fördern zu können.

Der "Denker" im Trainingsalltag

Den "Denkern" fehlt im Allgemeinen die Initiative und oft auch die Fantasie, etwas zu tun, etwas auszuprobieren, in der Hoffnung, damit unser Wohlwollen zu ergattern. Für das Training heißt das, wir müssen ihm alles, was er tun soll, "erklären". Bei diesem Hund ist es müßig, darauf zu warten, dass er sich setzt, um dies zu bestätigen oder ein anderes Verhalten zu zeigen als vorher, das vielleicht das Richtige ist. Gleichzeitig sind diese Hunde aber schnell frustriert, wenn sie nicht verstehen, was wir von ihnen erwarten und die Belohnungsrate daher nicht ausreichend ist. Frustration führt bei ihnen schnell dazu, dass sie die Mitarbeit verweigern. Oft handelt es sich bei diesem

Typ Hund um unsichere, manchmal schon depressive Vertreter, die wir mit einer hohen Belohnungsrate motivieren müssen.

Begriff: Belohnungsrate

Die Belohnungsrate ist die Anzahl von Bestätigungen (verbal, mit Spielzeug oder Leckerchen), die der Hund sich mit einem gewünschten Verhalten verdienen kann. Je höher die Belohnungsrate ist, desto erfolgreicher ist der Hund aus seiner Sicht mit seinem Verhalten und desto motivierter ist er, weiter mitzuarbeiten.

Training mit dem "Draufgänger"

Den Draufgänger muss man eher bremsen. Er wird, wenn die Belohnung ausbleibt, abspulen was er gelernt hat, um doch noch die Belohnung zu bekommen. Problematisch dabei ist, dass diese Hunde schnell aufdrehen und dann kaum noch lernfähig sind. Wir müssen also darauf achten, die Belohnungsrate schnell genug zu senken, um den Hund nicht in einen so hohen Erregungszustand zu versetzen, dass er sich nicht mehr konzentrieren kann. Auch positiver Stress, den der Draufgänger schnell hat, behindert das Lernen. Schaffen wir es aber, das Erregungslevel niedrig zu halten, lässt sich erkennen, dass dieser Typ Hund schnell und gerne lernt, lange motiviert ist und auch in der Regel sehr frustrationstolerant ist. Der Einsatz der negativen Strafe ist bei diesem Hund durchaus machbar und manchmal sinnvoll, um sein Erregungslevel zu senken.

AdobeStock: melounix

> „Hunde lernen deutlich schneller, wenn wir blitzschnell sind. Wir brauchen das richtige Timing"

Clicker oder Marker einführen:

So geht`s

Woher weiß der Hund, dass ein Click oder ein spezielles Wort etwas Gutes bedeutet? Er weiß es nicht, er muss es erst lernen. Der Clicker oder auch ein Markerwort sind deshalb in der Trainersprache sekundäre Verstärker. Übrigens: Wollen wir ein Markerwort einsetzen, sollte das etwas sein, was im Alltag nicht ständig vorkommt. Das Wort "OK", das häufig eingesetzt wird, ist dazu denkbar unbrauchbar. Besser ist es, wir nehmen etwas, was sonst nie vorkommt. Jäger nutzen bei der Ausbildung z.B. Worte wie „Tic" und „Toc" für positive oder negative Marker. Wir wollen erreichen, dass der Hund weiß, dass ein Click etwas Gutes ist. Dazu brauchen wir Verstärker.

Was Verhalten verstärkt

Primäre Verstärker: Belohnungen, die Grundbedürfnisse jedes Hundes befriedigen, wie Futter, Wasser, soziale Interaktion oder auch Spiel und Bewegung.
Sekundäre Verstärker: Sind der Clicker oder das Markerwort. Die müssen wir ihm erst beibringen. Sie sind eine Art "Versprechen" oder "Ankündigung des primären Verstärkers". Der Vorteil sekundärer Verstärker ist, dass wir sie einsetzen können, auch wenn wir in dem Augenblick die Belohnung nicht geben können, weil der Hund beispielsweise weit entfernt ist, oder sehr konzentriert arbeiten muss. Ist der Clicker bzw. das Markerwort entsprechend konditioniert, kann man es immer an jeder Stelle einsetzen, an der sonst eine positive Belohnung folgen würde. Nach dem Click muss allerdings auch regelmäßig die primäre Belohnung folgen, damit die Konditionierung von Clicker oder Markerwort nicht auf Dauer schwindet.

Hinweis

Wenn nachfolgend von "Click" die Rede ist, gilt das auch für ein Markerwort.

Der Clicker gibt ein immer gleiches Click-Geräusch ab, dessen Frequenz wir mit einem primären Verstärker verknüpfen können. Perfekt konditioniert versetzt dann schon der Click den Hund in freudige Erwartung. Die Frequenz des Clicks ist allerdings abhängig von der Bauart des Clickers. Wenn der Clicker also einmal konditioniert ist, sollte bei Verlust oder Defekt am besten wieder das gleiche Modell gekauft werden.

Schritt 1: Click konditionieren

Für den ersten Schritt empfehle ich eine ablenkungsarme Umgebung, bspw. die Küche. Man benötigt einen Stuhl, eine Schale mit guten Leckerchen, einen Clicker und natürlich den Hund, der möglichst wild auf Leckerchen sein sollte. Wenn die Fellnase eher nicht so der verfressene Typ ist, würde ich diese Übung am besten unmittelbar vor dem Füttern machen, wenn der Hund richtig Hunger hat.

Wenn ich den Clicker konditioniere, setze ich mich mit Hund und Clicker an einen Tisch, clicke mit dem Clicker und gebe dem Hund unmittelbar danach sein Leckerchen. Er muss nichts dafür tun, Click, Lecker, ist alles, was an dieser Stelle passiert. Und das wiederhole ich einige Male. Die ganze Trainingseinheit kann man gerne 4 bis 5 mal am Tag machen. Wenn ich merke, der Hund schaut nach dem Click direkt zur Futterhand, dann ist der Zeitpunkt gekommen, an dem ich den Click im Training einsetze.

Schritt 2: Den Clicker einsetzen

Immer, wenn ich nun den Hund für etwas bestätigen möchte, was er richtig gut gemacht hat, nutze ich den Clicker. Ein Beispiel: Ich rufe ihn, er läuft freudig auf mich zu, CLICK. Ist er bei mir, bekommt er die Belohnung. So lernt der Hund: „Auf meinen Menschen zulaufen kommt gut bei ihm an und wenn ich dann da bin, gibt es noch was Leckeres."

Hinweis

Ist der Clicker konditioniert, kann die Belohnung nach dem Click gerne auch ein gemeinsames Spielen sein. Wir sollten immer die Art von Belohnung wählen, die für unseren Hund einen hohen Wert hat. Für die Konditionierung des Clickers ist Futter deshalb von Vorteil, weil es schnell geht. Ein Spiel braucht viel mehr Zeit.

Schnell sein lohnt sich!

Hunde lernen deutlich schneller, wenn wir blitzschnell sind. Wir brauchen das richtige Timing. Das bezeichnet die Zeit, die zwischen dem Verhalten und unserem Verstärker oder Strafe vergeht. Der Hund lebt im Jetzt und braucht fürs effektive Lernen eine Führung, die zeitgleich erfolgt. Clicken wir nur eine Sekunde zu spät, glaubt er, dass genau dieses Verhalten, was er in diesem Moment zeigt, gemeint ist. Im optimalen Fall sind wir zeitgleich. Der Abstand zwischen Verhalten und Konsequenz sollte zwei Sekunden nicht überschreiten. Wir müssen also schnell sein. Blitzschnell!

Wollen wir unserem Hund klar machen, was wir möchten und was nicht, ist ein perfektes Timing das A und O. Im optimalen Fall belohnen wir ihn also genau dann, wenn er das gewünschte Verhalten zeigt, bspw. mit einem Click als sekundärer Verstärker und einem nachfolgenden primären Verstärker.

Dann gibt`s auch ein Leckerli....

Als Belohnung kann nur etwas fungieren, was dem Hund wichtig ist. Das sind in der Regel Dinge, die primäre Bedürfnisse befriedigen, wie Wasser, Fressen und Sozialkontakt und Spiel. Aber jeder Hund hat seine eigenen Vorlieben, für den einen ist ein Spielzeug das Highlight schlechthin, der nächste lässt einen Ball links liegen und steht nur auf Futterbelohnung. Damit wir unseren Hund so belohnen können, dass er auch motiviert ist, für diese Belohnung mitzuarbeiten, müssen wir daher herausfinden, welche Belohnung wichtig für unseren Vierbeiner ist.

AdobeStockLIGHTFIELD STUDIOS,bondvit

Welche Belohnung wie wichtig für unseren Hund ist, lässt sich am besten herausfinden, indem wir ihm mehrere Alternativen anbieten. Welche wählt er sich selbst aus? Das ist sein Hit. Wir nehmen sie weg und lassen ihn wieder zwischen den verbleibenden wählen. So lässt sich ganz einfach eine Rangfolge bei den Belohnungen feststellen und diese im Training nutzen.

So bleibt er länger am Ball

Keine Lust mehr? Nur ein motivierter Hund macht gerne mit. Das schaffen wir, indem wir die Belohnungen klug dosieren. Dazu ein Beispiel: Der Hund ist hungrig und auch begierig auf einfache Trockenfutterbrocken? Dann fangen wir damit am Anfang des Trainings an. Lässt seine Motivation nach ein paar Minuten nach, bestätigen wir mit einer höherwertigen Belohnung, bspw. Käse oder Fleischwurst. Sinkt die Motivation weiter, können wir unter Umständen noch mal ein Spielzeug zücken, sofern der Hund Spielzeug für wichtiger als Futter erachtet.

Fehler? Macht nichts! Auch daraus lernt unser Hund

Es gibt Situationen im Training, wo es Sinn macht, unserem Hund auch klar zu machen, wenn was falsch gelaufen ist. Denn nur so hat er die Chance, sein Verhalten zu ändern und doch noch im zweiten oder dritten Versuch das gewünschte Verhalten zu zeigen und sich seine Belohnung zu verdienen. Dazu brauchen wir ein negatives Abbruchsignal oder Abbruchkommando.
Möchten wir das im Training nutzen und soll es für den Hund die gegenteilige Bedeutung des „Clicks" haben, also in der Bedeutung „das war nicht richtig, dafür gibt es nichts", müssen wir das Abbruchkommando zuerst konditionieren. Und das geht genauso einfach wie beim Click.

Positiver Nebeneffekt – Wir trainieren Impulskontrolle

Die folgende Übung ist gleichzeitig auch eine tolle Sache, wenn es um das Training der Impulskontrolle geht. Die Impulskontrolle bezeichnet die Fähigkeit des Hundes, sein impulsives Verhalten zu kontrollieren, das heißt, nicht dem Ball auf einem Kinderspielplatz hinterherzujagen oder nach Insekten zu schnappen, sondern ein Kommando weiter auszuführen.

Am einfachsten geht die Konditionierung des Abbruchsignals, indem wir den Hund in die Sitz-Position bringen und ihm ein Leckerchen auf offener Hand anbieten.

Bewegt sich unser Hund auf das Leckerchen zu oder steht gar auf, dann folgt das Abbruchsignal und zeitgleich wird die Hand geschlossen, damit der Hund nicht an das Leckerchen kommt. Wenn der Hund nach einer Weile gelernt hat, dass er keinen Erfolg hat, wenn er sich dem Leckerchen nähert und bewegungslos sitzen bleibt, folgt hingegen der Click oder ein Lob und er bekommt das

Leckerchen. Dabei ist es allerdings wichtig, dass wir ihm das Leckerchen in die Schnauze geben und er es sich nicht selbst von der Hand nimmt.

Ich helfe dir....

Moderne Trainingsmethoden

Es gibt zwei grundlegende Techniken, wie wir unseren Hunden gewünschtes Verhalten beibringen können: Shaping und der Einsatz von Hilfen.

Shaping bedeutet, dass wir nichts sagen und den Hund probieren lassen. Zeigt er ein erwünschtes Verhalten, clickern wir. Wiederholt er das Verhalten dann häufiger, clickern wir und setzen gleichzeitig ein Kommando drauf. So erarbeitet der Hund sich das Kommando selbst. Allerdings dauert das lang. Und es gibt Hunde, wie der Typ "Denker", die einfach selten probieren und daher kaum Fortschritte machen. So ist der Hund frustriert und irgendwann hat er keine Lust mehr. Was aber bei jedem Vierbeiner funktioniert, ist die Nutzung von Hilfen. Das bedeutet, dass wir dem Hund genau zeigen, was wir möchten. Zum Beispiel, indem wir ihn mit dem Leckerchen in der Hand in die gewünschte Position führen.

Möchten wir unserem Hund beibringen, dass er sich auf Kommando setzen soll, so müssen wir dazu in der Regel nur die Hand mit der Belohnung so hoch über den stehenden oder liegenden Hund halten, dass er sich automatisch setzt, um daran zu kommen. Das Kommando "Sitz" kommt dann in dem Moment, wo er sich hinsetzt, spätestens wenn er sitzt.

Wenn wir Wert darauf legen, dass unser Hund irgendwann auch ohne Hilfe und ohne Leckerchen vor der Nase die Kommandos ausführt, müssen wir die Hilfen aber irgendwann, genauer gesagt, möglichst schnell, abbauen. Am einfachsten geht das, indem die Hilfen allmählich immer schwächer werden, bspw. statt das Leckerchen deutlich über den Kopf des Hundes zu führen, gehen wir nur noch mit der Hand (ohne Leckerchen) nach oben und am Ende nur mit dem Zeigefinger.

Wichtig!

Ganz entscheidend beim Abbau von Hilfen, insbesondere Körperhilfen zugunsten gesprochener Kommandos, ist:

- dass der Abbau der Hilfen allmählich erfolgt und
- dass wir immer, wirklich immer das gesprochene Kommando geben, damit der Hund sich dieses richtig einprägt
- dass immer nach dem Ausführen des Kommandos (egal ob mit oder ohne Körperhilfe) die Belohnung folgt.
- Die Belohnung darf natürlich auch irgendwann entfallen oder das Leckerchen wird später durch ein verbales

Lob ersetzt werden. Das erfolgt aber erst dann, wenn der Hund wirklich in jeder Lebenslage auch unter großer Ablenkung das Kommando schnell und sicher ausführt.

Schwierigkeitsgrad langsam steigern

Gerade junge Hunde lernen schnell, dennoch ist es wichtig, die einzelnen Schritte nicht zu groß zu wählen. Wichtig ist gerade bei den grundlegenden Übungen, wie "Sitz" und Sitzenbleiben, bzw. "Platz" und Liegenbleiben, ganz unten anzufangen und den Schwierigkeitsgrad langsam zu steigern.

Ich empfehle, das Training eines Kommandos in einem Raum mit wenig Ablenkung, ohne weitere Personen, ohne andere Tiere, zu beginnen. Klappt das Kommando in dieser Situation ohne oder mit leichten Hilfen regelmäßig, dann steigern wir den Schwierigkeitsgrad, indem wir das Gleiche draußen machen, vielleicht erst mal im Garten, danach auf dem Gassiweg, noch ohne andere Leute. Danach auch wenn andere Menschen vorbeigehen und zum Schluss auch in Anwesenheit von rennenden Kindern oder anderen Hunden. Immer wenn wir den Schwierigkeitsgrad steigern, macht es Sinn, die Hilfen für den Hund noch einmal zu erhöhen.

AdobeStock: ,Eliška

Anzahl und Wiederholungen

Wie oft wir Übungen wiederholen müssen, damit unser Hund sie lernt und wie schnell und nachhaltig er lernt, lässt sich nicht pauschal sagen. Je besser das Timing ist, je konsequenter wir nur gewünschtes Verhalten bestätigen und dem Hund klar machen, was unerwünscht ist, desto schneller lernt er. Bei dem einen Hund reichen 100 Wiederholungen, der andere braucht 1000 Wiederholun-

gen. Ein Hund, mit dem wir viel und regelmäßig Neues antrainieren, wird auf Dauer schneller lernen, als einer, mit dem nur sporadisch oder jahrelang gar nicht trainiert wird.

Stress, Angst, aber auch eine zu geringe Belohnungsrate oder zu große Schritte behindern den Lernerfolg. Je weniger Erfolg unser Hund aus seiner Sicht im Training hat, und das macht er an der Wertigkeit der Belohnung und der Belohnungsrate fest, desto frustrierter wird er werden. Daher ist es wichtig, dass wir mit hoher Belohnungsrate, hochwertiger Belohnung und kleinen Schritten die Motivation fördern.

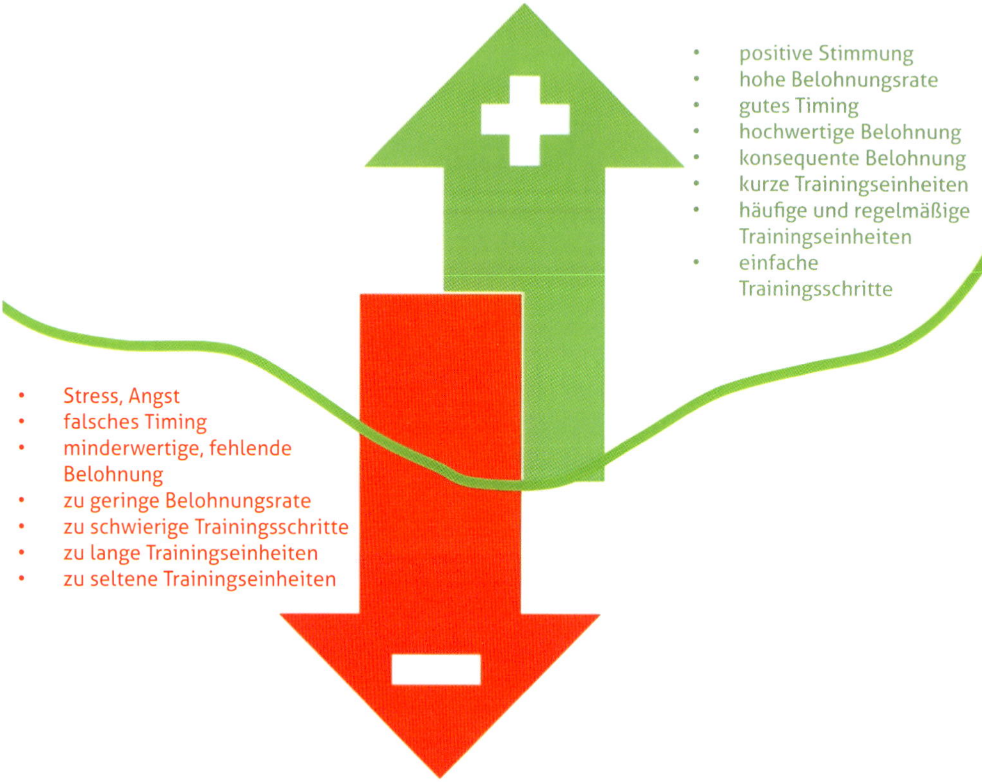

Was wir bis jetzt gelernt haben: (5 Punkte Zusammenfassung)

- Der Lerntyp des Hundes hat Einfluss auf das Training. Der "Denker" ist weniger aktiv und probiert weniger aus als der Draufgänger. Daher ist Shaping für diesen Typ Hund in der Regel nicht der richtige Trainingsweg. Die meisten Hunde lassen sich mit Körperhilfen und Zeigen des gewünschten Verhaltens am besten trainieren.
- Markerworte und Markergeräusche sind sekundäre Verstärker und helfen dabei, dem Hund klar zu machen, welches Verhalten gewünscht ist.
- Sekundäre Verstärker müssen vorab konditioniert werden, das heißt, mit einem primären Verstärker, wie Lob, Leckerchen oder Spiel verknüpft werden.
- Anstelle eines Verstärkers kommt auch

Strafe für das Training in Frage. Allerdings vor allem die negative Strafe, bei der man dem Hund etwas Angenehmes wegnimmt, bspw. das Spiel beendet oder das angekündigte Leckerchen wieder einsteckt. Die positive Strafe ist tierschutzrechtlich und moralisch höchst bedenklich, zumindest dann, wenn sich die Sanktion nicht ausschließlich auf ein deutliches "Nein" beschränkt.

- Nachhaltiges Lernen benötigt hochwertige Belohnungen und zahlreiche Wiederholungen.

AdobeStock: MyJuly

Wenn es nicht klappt: Probleme und Lösungen

Ist der Hund häufig abwesend und kann sich nicht auf das Training konzentrieren, sondern mit den Gedanken woanders und macht nicht mit, dann würde ich empfehlen, darüber nachzudenken, ob die Belohnung hochwertig genug ist. Je wichtiger für unseren Hund die Belohnung ist, desto mehr wird er sich bemühen, die Belohnung zu verdienen. Hat er gerade gefressen und er bekommt als Belohnung das gleiche Trockenfutter, wird das nicht wirklich ziehen. Ich würde in diesem Fall kurz vor dem Füttern trainieren, oder hochwertiges Futter, wie Käse, Hundewurst oder Fleischwurst als Belohnung nutzen. Klappt es am Anfang einer Trainingseinheit gut, später lässt der Hund beim Training aber nach, dann sind die Trainingseinheiten zu lang. Ich würde in diesem Fall kürzer und dafür häufiger trainieren.

Macht der Hund beim Training nicht mit, kann es hilfreich sein, Rituale einzuführen. Jedes Mal bevor das Training beginnt, geben wir ein bestimmtes Signal, ein Kommando oder Körperhilfe und dann spielen wir mit ihm ein wenig. Wir schmeißen ihm das Spielzeug oder rennen mit ihm ein paar Meter um die Wette. So wird er "wach" und er lernt mit dem Signal, mit dem das Ritual beginnt, eine positive Erwartungshaltung zu verknüpfen. Ist unser Hund dann bei der Sache und konzentriert, belohnen wir ihn und beginnen dann das Training.

Verwechselt der Hund ab und an die Kommandos, trotz immer wieder gleicher Hilfen, rate ich dazu, zu überlegen, ob vielleicht bei der Belohnung am Anfang nicht ganz konsequent vorgegangen wurde. Vielleicht auch mal eine falsche Ausführung belohnt wurde, weil der Hund ja so süß war. Vielleicht wurden die Hilfen doch sehr unterschiedlich gegeben oder es gibt unbewusste Körperhilfen, die dem Hund dann aber vielleicht im Einzelfall fehlen. Es hilft in diesem Fall, sich bewusst zu machen, welche Hilfen man wirklich gibt. Körperkontrolle ist das Stichwort.

Tipp

Wenn die Möglichkeit besteht, dass es am eigenen Verhalten, der Körperhaltung etc. liegt, dass die Fellnase manchmal die Kommandos nicht ausführt, macht es Sinn, wenn wir uns beim Training filmen lassen. Oft sieht man erst auf dem Video die wirklichen, unbewussten eigenen Körperhilfen.

Manchen Hunden fällt es unheimlich schwer, sich zu konzentrieren und mitzuarbeiten, wenn sie körperlich nicht ausgelastet sind. Gerade bei jungen, temperamentvollen Hunden kann es daher sinnvoll sein, sie vor dem Training rennen zu lassen oder mit Spielzeug ihren Bewegungsdrang zu befriedigen.

Es geht los: Was jeder Hund können muss

„Was Hänschen nicht lernt, lernt Hans nimmermehr..." Diesen Spruch kennen die meisten und für das Hundetraining ist er ebenso gültig. Je früher wir unserem Vierbeiner etwas mit Spaß und Konsequenz beibringen, desto besser und nachhaltiger bleibt es ihm im Gedächtnis. Daher macht es Sinn, mit wichtigen Kommandos direkt zu beginnen, wenn die Fellnase bei uns einzieht. Mit positiven Methoden, Verständnis und Konsequenz kann man vom ersten Tag an starten. Nicht ganz so leicht ist das bei älteren Fellnasen, das heißt aber nicht, dass sie nicht mehr lernfähig sind. Sie brauchen einfach nur etwas länger oder mehr Wiederholungen. Training, gerade der Grundkommandos lohnt in jedem Fall, egal wie alt das Tier ist.

Stubenreinheit schnell und sicher

Wenn alles gut läuft, ist unser Neuankömmling mit 14 Wochen weitgehend stubenrein. Bei manchen Hunden dauert das aber etwas länger. Meine Malinois-Hündin war mit 10 Wochen sauber, mein Deutsch-Drahthaar-Rüde hat dazu 2,5 Jahre und Hilfe vom Tierarzt gebraucht!

Achtung!

Nicht jeder Hund ist gleich schnell stubenrein. Es kommt vor, dass einige bereits mit 8 Wochen erkennen, wann ihre Blase voll ist und haben daher die Chance, sich zu melden. Es gibt aber auch Hunde, vor allem Rüden, die brauchen länger, um überhaupt mal körperlich so weit gereift zu sein, dass sie eine gefüllte Blase bemerken. Die Nervenbahn, die zwischen Blase und Gehirn dafür sorgt, dass der Vierbeiner die volle Blase bemerkt, wird erst in den ersten Lebenswochen bis Monaten gebildet. Im Durchschnitt erreichen Welpen im Alter zwischen 14 und 17 Wochen die Fähigkeit, Harnblase und Darm kontrolliert zu entleeren. Bei manchen Junghunden dauert das wirklich Monate! Ich weiß das, da ich selbst einen solchen Rüden habe. Und es ist für den Hund nicht schön, wenn wir dann auch noch mit ihm schimpfen, weil er wieder mal seiner übervollen Blase freien Lauf gelassen hat und das Wohnzimmer in eine Seenlandschaft verwandelt hat. Eine Rüge oder Strafe ist in diesem Fall völlig fehl am Platz!

Das Training der Stubenreinheit besteht aus zwei Komponenten.

Im Freien darf er, drinnen nicht.

Er soll sich melden, wenn er nach draußen möchte.

Mit Routinen helfen wir dem Vierbeiner, unangenehme Pannen zu vermeiden und Erfolg beim Stubenreinheitstraining zu haben. Ich würde dazu raten, den Welpen nach jedem Schlafen, Fressen, Trinken und Spielen ins Freie zu bringen. Welpen und Kleinhunde können wir tragen, das hemmt den Urinabsatz.

Beides muss ineinandergreifen und für den zweiten Teil muss der Hund körperlich in der Lage sein, zu erkennen, zu welchem Zeitpunkt er muss.

So machen Sie fest, wann er muss

Es erfordert etwas Beobachtungsgabe, zu erkennen, ob der eigene Hund überhaupt merkt, dass er Druck auf der Blase hat. Hockt er sich bspw. auch in der Wohnung bewusst hin, um zu urinieren oder Kot abzusetzen, beziehungsweise bei älteren Rüden, hebt er sein Bein? So ist klar, der Hund bemerkt es. Bei einem gefüllten Darm funktioniert das bei den allermeisten Vierbeinern wirklich sehr früh. Läuft der Urin aber schon beim Laufen oder wenn die Fellnase bei einem Spiel oder bei dem Training abrupt stoppt, dann können wir davon ausgehen, der Hund hat weder Kontrolle über den Blasenmuskel, noch merkt er frühzeitig, dass die Blase voll ist. Das tritt auf, sofern der Blasenmuskel nicht stark genug ist, die übervolle Harnblase zu verschließen. Er kann nichts dafür, wenn es daneben geht und solche Hunde können sich nicht rechtzeitig melden. Hier ist von uns Hundehaltern etwas Nachsicht und Geduld gefragt.

Wo wir unsere Fellnase hinsetzen, damit er sich erleichtern kann, prägt nachhaltig, wo er später sein Geschäft verrichtet. Wenn wir nicht möchten, dass er dazu den Bürgersteig nutzt, dann setzen wir ihn am besten an den Rand von Wegen und Straßen ins Grüne.
So bringen wir ihm das Kommando bei, sich zu lösen!
Ein Kommandowort zum Lösen einzuüben ist sinnvoll. Zum Beispiel, weil wir mit ihm eine längere Autofahrt vorhaben und möchten, dass er jetzt noch einmal Blase oder Darm entleert. Das geht am einfachsten, wenn wir in dem Moment, in dem der Vierbeiner sich löst, ständig wieder das gleiche Wort sagen. Ich sage bspw. immer „Häufchen machen" und das bewirkt auf Dauer, dass meine Hunde mit dem Lösen auch das Kommando verknüpfen und sich später bei diesem Satz ein passendes Plätzchen suchen.

AdobeStock Eva

Wenn der Hund sich draußen erleichtert, loben wir ihn überschwänglich und können auch dabei mehrmals den Begriff sagen, den wir ihm beibringen möchten.

Im optimalen Fall gehen wir anfangs immer zur gleichen Tür mit dem Hund nach draußen. Das bringt die meisten recht schnell auf die Idee zu dieser Tür zu laufen, wenn sie raus müssen. Dann heißt es aber auch flott sein und die Türe öffnen.

Damit kein Malheur passiert ...

Vorsorge ist besser als Nachsorge. Das bedeutet, wir müssen unserer Fellnase regelmäßig die Möglichkeit geben, sein Geschäft zu verrichten. Es gibt die Empfehlung, je Lebensmonat kann der Hund 60 Minuten einhalten, was schlussfolgert, ein Welpe mit 8 Wochen muss alle zwei Stunden vor die Tür, mit 12 Wochen dann alle drei Stunden. Das heißt natürlich in der Theorie, außerdem nachts alle zwei bis drei Stunden mit dem Hund ins Freie. Ich kenne wenige Hundehalter, die das wirklich tun und meiner Erfahrung nach ist das auch nicht erforderlich. Ich habe es bei

ıllen meinen Hunden so gehandhabt, dass
ch um 19:00 Uhr gefüttert habe und gegen
24:00 Uhr das letzte Mal mit ihnen raus bin,
lanach war Dösen angesagt. In den ersten
Tagen bin ich um 05:00 Uhr aufgestanden
nit dem Hund ins Freie, dann um 06:00 Uhr.
eder hat das problemlos geschafft, auch im
Alter von 8 Wochen. Welpen schlafen, und
war deutlich mehr als der erwachsene Hund
ınd in dieser Zeit fehlt die Bewegung, die die
Verdauung anregt, die Aufnahme von Wasser
ınd Futter, die auf einen gefüllten Darm und
volle Blase drücken. Folglich ist der Druck

beim Welpen nicht da, raus zu wollen und zu müssen. Selbst mein Rüde, der lange gebraucht hat, hatte eben nie nachts das Problem, sondern tagsüber, weil dann Action und Ablenkung und Spaß und Spiel da waren und er dabei nicht gemerkt hat, wann er musste. Wer auf Nummer sicher gehen möchte, verkürzt die Zeitspanne gerne etwas. Das Erste, was nach dem Aufstehen aber sein sollte, ist der Gang nach draußen!

Da Hunde ungern ihr Nest beschmutzen, macht es Sinn, ihn über Nacht in einem Kennel oder einer Box schlafen zu lassen. Unser kleiner Welpe ist dann eher animiert, sich zu melden, wenn er tatsächlich nachts mal raus muss. Allerdings setzt das natürlich voraus, dass wir uns in unmittelbarer Nähe befinden, sodass wir Unruhe oder Junken auch bemerken und vorher, das heißt also, gleich beim Einzug des Neuankömmlings, die Box trainieren. Wie das genau funktioniert, damit beschäftigen wir uns weiter unten, sobald es um Autofahren und Alleinbleiben geht.

Achtung Tierschutzhundeverordnung!

Die aktuelle Tierschutzhundeverordnung verbietet die Haltung von Hunden in kleinen Boxen, außer zum Zwecke des Transports, für länger als 30 Minuten am Stück. Um die gesetzlichen Bestimmungen einzuhalten, ist es zwingend erforderlich, dass die Box groß genug ist. Unser Welpe sollte sich problemlos gerade ausstrecken und darin stehen können, ohne sich ducken zu müssen. Und selbst dann ist fraglich, ob die Nutzung einer Box gesetzeskonform ist.

Der Name ist das höchste Gut

Besonders wichtig ist natürlich, dass unser frisch eingezogener vierbeiniger Mitbewohner möglichst schnell auf seinen Namen hört. Und das geht ganz einfach und funktioniert nicht nur bei Welpen, sondern bspw. auch bei älteren Tieren, beispielsweise aus dem Tierschutz, die jetzt einen neuen Namen bekommen sollen. Im ersten Schritt belohnen wir den Hund für jede gewünschte Reaktion auf seinen Rufnamen, bspw. wenn er den Blick auf uns richtet, danach locken und wir ihn beim Rufen seines Namens zu uns und bestätigen ihn dann hochwertig.

Wenn der Vierbeiner gerade etwas entspannt und gelangweilt rumsteht oder sitzt, sagen wir seinen Namen. In der Regel wird er sich in Richtung Stimme umsehen und wird dafür ausführlich belohnt. Das wiederholen wir einfach ausreichend häufig und schon weiß der Hund, dass er gemeint ist, wenn sein Name gesprochen wird.

Im nächsten Schritt können wir unseren Hund mit seinem Namen rufen, im optimalen Fall erst nur in Situationen mit wenig Ablenkung. Ganz wichtig dabei, hochwertig und unmittelbar belohnen, wenn unser Hund uns erreicht hat. Das ist eine tolle Übung, die sich auf jedem Spaziergang und bei anderen schönen Ereignissen für den Vierbeiner wiederholen lässt, bspw. wenn es zum Gassi raus geht, wenn das Futter bereitet und gereicht wird.

Denker und Draufgänger

Wer eher den Typ „Denker" an der Leine hat, muss sich hier in der Regel besonders bemühen, um seinen Vierbeiner in Wallungen zu bringen. Je mehr wir uns für den Hund interessant machen, desto eher wird er schnell und motiviert kommen. Bei dem Draufgänger, der ohnehin aktiver ist, funktioniert das meist recht zügig, sobald die Fellnase verstanden hat, dass es sich lohnt, auf seinen Namen zu reagieren und etwas Abstand zwischen ihm und seinem Menschen ist.

Wenn es nicht klappt:

Reagiert der Hund auch nach einer ganzen Weile nicht auf seinen Namen, macht das Laufen an einer Schleppleine Sinn, auch im Haus. Bei Ansprache und fehlender Reaktion, können wir ihn so an der Leine aufmerksam machen oder auch durch Beschränken seines Freiraums zu einer gewünschten Reaktion animieren, die wir dann bestätigen können.

Kommt der Hund nicht unmittelbar, nachdem wir den Namen gerufen haben, helfen wir ihm einfach, indem wir ihn mit allem locken, was wir haben. Wir können in die Hände klatschen, in die Hocke gehen oder auch ein Spielzeug zeigen.

Allerdings kann die Ursache auch ein Name sein, der vielleicht von jedem Familienmitglied anders ausgesprochen oder der in anderem Zusammenhang vielleicht zu häufig gesprochen wird. Soll unser Hund einem Kind der Familie mit Namen „Lisa" gehören und die möchte ihn jetzt genauso nennen, dann wird der Hund am Tag so oft „Lisa" hören, ohne damit gemeint zu sein, dass er dann auch nicht reagiert, wenn er gemeint ist. Noch dazu, nennt ihn vielleicht einer „Lischen", der nächste „Lissi" und der Rest der Familie wirklich „Lisa".

Kommen auf Zuruf

Wer will nicht, dass ein Hund auf Zuruf sofort kommt? Und eigentlich ist das ganz einfach. Je früher man damit beginnt, desto besser. Im Grunde funktioniert das nicht anders, als das Training des Hundenamens. Hat unser Vierbeiner einmal gelernt, auf seinen Namen zu kommen, zumindest wenn keine Ablenkung da ist, lässt sich das direkt nutzen, um auch ein Rückruf-Kommando zu etablieren.

Wichtig, auf das Kommando kommt es an!

Um ein ultimatives Rückrufkommando zu trainieren, das später in jeder Situation funktioniert, braucht es ein Kommando, das im Alltag nicht genutzt wird und das man gut und laut aussprechen kann. Noch besser ist allerdings eine Pfeife und dann am besten eine genormte von ACME. Die bekommt man mit verschiedenen Frequenzen und kann immer wieder eine Pfeife in der gleichen Tonfrequenz nachkaufen, wenn sie mal verloren geht.

Kommt unser Hund freudig zu uns gelaufen, bspw. in Erwartung von Futter oder Spiel, oder auch weil wir ihn mit seinem Namen gerufen haben, geben wir währenddessen das Rückrufkommando, bzw. pfeifen. So verknüpfen wir das Signal (Kommando/Pfiff) mit dem Zurückkommen

Ist der Hund da, wird er hochwertig belohnt, bspw. mit einem besonderen Leckerchen oder Spielzeug. Auf diese Weise bauen wir eine positive Erwartungshaltung beim Vierbeiner auf, die ihn später motiviert, zurückzukommen.

Dieser Schritt muss jetzt nur noch oft wiederholt werden. Also immer, wenn der Hund freudig auf seinen Menschen zuläuft, kommt zeitgleich das Rufsignal. Nach ausreichend vielen Wiederholungen wird der Hund dann auf das Signal automatisch umdrehen und zurückkommen.

Jede Wiederholung zählt!

Hier ist es wichtig, ganz viele für den Hund positive Wiederholungen zu schaffen, denn nur durch Übung wird das Rückrufsignal tief im Gehirn unseres Vierbeiners verankert. Genauso essenziell ist aber auch, dass das Signal möglichst immer identisch klingt, gleicher Tonfall, derselbe Klang der Stimme, gleiches Pfeifsignal.

Wenn es nicht klappt:

Der Rückruf will nicht klappen? Das kann mehrere Gründe haben:

- **Die Belohnung ist nicht hochwertig genug** oder kommt zu spät. Statt Trockenfutter vielleicht einfach mal tolles Spielzeug werfen oder Fleischwurst oder Käse verwenden und zwar unmittelbar, wenn der Hund ankommt.
- **Der Hund ist zu abgelenkt, um den Rückruf wahrzunehmen.** Dann hilft es zunächst mal in reizarmer Umgebung, in der Wohnung, dem eigenen Garten oder auf einem einsamen Weg ohne andere Hunde, Kinder etc. zu üben.

- **Der Rückruf ist zu leise oder zu unterschiedlich**. Das eine Familienmitglied ruft vielleicht ein zartes „Hier", der nächste brüllt „Hasso HIERHIIIIIN!". Zunächst sollte sich die ganze Familie auf ein einziges, möglichst einheitliches Rückrufkommando einigen.

Kommt der Hund auf den Rückruf, wird er sofort belohnt. Nicht erst nach einem „Sitz" oder „Platz", sondern sofort. Sonst wird nämlich nicht der Rückruf belohnt, sondern das „Sitz".

Hundebegegnungen: der Mensch ist am wichtigsten

Wer kennt es nicht, man begegnet einem anderen Hundehalter, die fremde Fellnase stürmt sofort freundlich oder auch nicht so freundlich auf unseren Vierbeiner zu. Es kommt gleich zu einem wüsten Spiel oder einem kleinen oder großen Streit zwischen den beiden. Und warum? Nur deshalb, weil dem fremden Hund nicht beigebracht wurde, bei Begegnungen mit anderen Tieren abzuwarten, was Sache ist. Er hat vermutlich gelernt, ein anderer Hund bedeutet, sofort spielen, Spaß oder pöbeln, je nachdem, wie er so drauf ist. Und genau das sollten wir unserem Hund von vornherein klar machen, dass es so nicht laufen wird. Dann wird alles gut bei Hundebegegnungen!

Hunde wollen nicht ständig Hundekontakt

Es ist ein Trugschluss und etwas, das wir Menschen unseren Hunden andichten, dass sie immer und mit jedem Artgenossen gerne spielen und Kontakt haben möchten. Zwar sind Hunde Rudeltiere, aber das bedeutet ja nicht, dass jeder Hund gleich ins Rudel aufgenommen und wie der beste Kumpel behandelt wird. Viele Hunde wollen überhaupt gar nicht ständig Kontakt zu fremden Hunden. Sie haben ihre 2-3 Hundekumpel, mit denen sie dann gegebenenfalls Körperkontakt haben und spielen. Wir sollten uns davor hüten, unseren Hund zu vermenschlichen und ihm den Wunsch nach Spaß und Hundekontakten zu unterstellen, zumal die wenigsten Menschen gleich mit jedem anderen fremden Menschen intimen Kontakt haben. Für viele Vierbeiner bedeuten Hundebegegnungen Stress, auch dann, wenn wir auf den ersten Blick den Eindruck haben, „der will ja spielen ...".

Ziel muss es sein, dass unser Hund beim Anblick und auch bei näherer Begegnung mit anderen Hunden noch kontrollierbar und gehorsam ist. Er soll lernen, mein Mensch

- sagt, wo es lang geht
- beschützt mich und sorgt für eine stressfreie Begegnung
- sagt Bescheid, wenn ich spielen darf.

Gerade im Welpenalter macht es Sinn, bei Begegnungen mit anderen Hunden unseren Welpen an die Leine zu nehmen und mit hochwertiger Ablenkung an dem anderen Hund vorbei zu führen. Zeigt der Welpe ein für uns akzeptables Verhalten, darf danach gerne in Absprache mit dem Besitzer des anderen Vierbeiners ein Spiel oder ein Beschnuppern folgen.

Vorsicht Prägephase!

Die Prägephase des Welpen (ca. von der 4. bis ca. 12. Woche) ist hervorragend geeignet, um unserem Welpen prägende Eindrücke zu vermitteln, positive, wie auch negative. Mein Tipp lautet daher, in dieser Zeit besonders darauf zu achten, dass unser Junghund keine schlechten Erfahrungen mit Artgenossen macht. Wer Hundebegegnungen gerade in diesem Alter trainieren möchte, kann gerne zunächst bekannte, freundliche, gut erzogene erwachsene Hunde dazu nutzen und einfach nur üben, mit dem Welpen entspannt und ruhig an dem anderen Hund vorbeizugehen.

Spielen, nicht nur mit Welpen, auch mit sozialisierten, erwachsenen Artgenossen ist wichtig für Welpen. So lernen sie spielerisch, sich korrekt und sozial angepasst mit anderen Vierbeinern zu verhalten. Beim Raufen sollte aber jeder Hund mal „Opfer" und einmal „Täter" sein, also mal unten liegen und obenauf stehen. Ist immer die gleiche Fellnase das „Opfer", ist Vorsicht geboten. Hier beginnt oft Mobbing, was für das betroffene Tier sehr unangenehm sein und zu späteren Verhaltensproblemen führen kann.

Hundebegegnungen an der Leine?

Mein Tipp, lieber nicht! Verwickelt sich unser Hund, insbesondere unser Welpe beim Spiel in der Leine, stolpert, fällt oder tut sich dabei weh, dann verknüpft er diese unangenehmen Erlebnisse womöglich mit der Begegnung. Das muss nicht, kann allerdings sein. Besser Leine ab, aber Geschirr bzw. Halsband an, damit man die Streithähne bei einer unerwünschten Entwicklung des Spiels schnell trennen kann.

Bei Hundekontakten ist es wichtig, den eigenen Vierbeiner mit hochwertiger Belohnung abzulenken und auf sich zu konzentrieren, nur so wird die Fellnase lernen, sich trotz der Ablenkungen durch den Artgenossen an den Anweisungen zu orientieren. Je jünger und noch unverdorbener in seinem Verhalten anderen Vierbeinern gegenüber unser Hund ist, desto notwendiger ist es am Anfang, ihn beim Anblick fremder Hunde kostbar zu belohnen. Die Bestätigung muss wirkungsreicher als der andere Hund sein!

So etwas geht gar nicht! Beim Spaziergang mit dem Hund verdient er unsere uneingeschränkte Aufmerksamkeit. Nur dann können wir „Gefahren" vor ihm erkennen und entsprechend reagieren. Eine plötzliche Hundebegegnung, die vielleicht für unseren Junghund unangenehm verläuft, verhindern wir nur, wenn wir die Umgebung im Blick haben. Leider sieht man so etwas immer öfter.

Wenn es nicht klappt:

Begegnungen mit Artgenossen sind für viele Hunde problematisch. Unsichere oder offensiv aggressive Hunde fangen vielleicht schon auf Entfernung an zu pöbeln und die freundlichen Exemplare unter den Hunden sind absolut distanzlos und möchten mit jedem fremden Hund spielen. Klappen Hundebegegnungen nicht und gelingt es uns nicht, mit unserem Vierbeiner an halbwegs lockerer Leine und etwas Abstand an einem fremden Hund vorbeizugehen, dann sollte man das Problem nicht auf die lange Bank schieben. Ich rate dringend dazu, gerade, wenn es sich um aggressives Verhalten des eigenen Hundes handeln könnte, einen Hundetrainer aufzusuchen, der sich das Problem ansieht, beurteilt und bei der Korrektur hilft. Ein Buch kann nur Hinweise und Tipps geben, aber nicht auf das konkrete Problem eingehen.

Ist der eigene Hund sehr auf fremde Hunde fixiert, sowohl positiv, wie negativ und ist ein „normales" Vorbeigehen auch mit viel Training nicht möglich, ist Ablenkung mit maximaler Motivation beim Hund eine gute Lösung. Dazu rate ich, zu einem sehr hochwertigen Leckerchen oder Spielzeug zu greifen und den Hund damit von seinen Artgenossen abzulenken. Wichtig dabei ist: Der Hund bekommt das Leckerchen oder Spielzeug natürlich auch, nachdem der andere Hund vorbei gegangen ist. Er soll ja lernen, andere Hunde sind super, dann gibt es was Positives von meinem Menschen.

Niemals den Hund bei unsicheren Begegnungen ableinen

Ich rate dringend davon ab, den eigenen Hund abzuleinen, wenn er sich nicht schon an der Leine neutral gegenüber dem anderen Hund zeigt. Nach dem Motto „wird schon gut gehen..." oder „das ist nur Leinenaggression, abgeleint tut der nichts". Die meisten Menschen schätzen ihren Hund falsch ein. Es ist sehr schwer, gerade bei unsicheren Hunden, vorauszusagen, wie der Hund reagiert, wenn die „Sicherheit" der Leine und der Halter am Ende der Leine fehlen. Vor allem möchte eben auch nicht jeder fremde Hund stürmisch begrüßt werden und wehrt sich dann gegebenenfalls. Vielleicht ist dann auch das Training des anderen Hundes, der vielleicht gerade sein unerwünschtes Verhalten abgestellt hatte, über Wochen oder Monate ruiniert. Bitte immer mit dem Besitzer des anderen Hundes absprechen und lieber einmal weniger ableinen als einmal zu viel.

AdobeStock: Photoboyko

Sitz und Platz

„Sitz" und „Platz" sind zwei grundlegende Kommandos, die wirklich jeder Vierbeiner beherrschen sollte. Sie sind genauso wichtig für unser Tier, wie für unsere Kinder lesen und schreiben zu lernen. Und es sind eigentlich die leichtesten Übungen. Wir brauchen dazu ein paar Leckerchen, die der Hund gerne nimmt und ein gutes Timing, das war´s auch schon!
Die hier gezeigten Übungen müssen einfach nur ausreichend oft wiederholt werden. Es ist sinnvoll, zwei bis dreimal am Tag kurze Einheiten zu machen und vielleicht 10x Sitz und Platz zu trainieren. Am Ende des Trainings sollte der Hund eine halbe Minute oder mehr auf Kommando die gefragte Position einnehmen und halten.

Wir können unsere Fellnase ganz einfach mit einer leckeren Belohnung in der Hand in die gewünschte Position führen. Für das „Sitz" sollte das Leckerchen so weit über dem Hund sein, dass dieser nicht im Stehen herankommt. Wenn wir die Hand dann noch etwas in Richtung Nacken des Hundes nach hinten schieben, wird er sich in der Regel automatisch setzen. In diesem Moment folgt das „Sitz"-Kommando, damit unser Hund es mit dem Hinsetzen verknüpft.

Genauso können wir den Vierbeiner mit entsprechender Ausrichtung des Leckerchens über dem Hund vom „Platz" in die „Sitz"-Position führen. Auch dann folgt das Kommando „Sitz", wenn er die Sitz-Position einnimmt oder gerade eingenommen hat.

Häufige Variationen erleichtern das Verständnis!

Es ist wichtig, nicht immer aus dem Sitzen das „Platz" zu trainieren oder nur beim stehenden Hund das „Sitz". Besser ist, sowohl das Sitz als auch das Platz aus jeweils unterschiedlichen Ausgangspositionen zu üben. Der Hund sollte ja lernen, Sitz ist die sitzende Position, egal, was er davor getan hat. Er soll sich auf das Kommando jedes Mal hinsetzen, auch falls er zuvor gelegen oder gestanden hat. Ebenso soll er sich beim Platz immer hinlegen, auch wenn er vorher nicht gesessen hat.

Genauso wie das „Sitz" können wir das „Platz" trainieren, indem man den Vierbeiner mit dem Leckerli in die gewünschte Ausrichtung „zieht". Dazu sollte die Belohnungs-Hand von der Hundeschnauze Richtung Boden geführt werden. Sobald er sich in die Platz-Stellung begibt oder gerade liegt, folgt das Kommando „Platz" und er darf sich die Belohnung aus der Hand oder vom Boden nehmen.

Es funktioniert nicht? So geht es trotzdem

Wer Schwierigkeiten hat, den Hund mit einem Leckerli in die gewünschte Position zu führen, sei es, kann beide Kommandos auch anders trainieren. Das dauert allerdings meist etwas länger. Immer, wenn der Hund sich von sich aus hinsetzt oder legt, sagen wir das entsprechende Kommando. Das bestätigen wir dann, entweder mit Leckerchen, einem verbalen Lob oder einem Spiel.

So geht es also Schritt für Schritt:

1. **Wir locken den Vierbeiner mit einem Leckerli in die gewünschte Position.** *Alternativ: Wir warten so lange, bis er von selbst das „Sitz" oder „Platz" einnimmt.*
2. **Es folgt das Kommando.**
3. **Der Hund wird belohnt mit einem Leckerli, er wird gelobt oder wir spielen mit ihm.**
4. **Wir wiederholen das Training zwei- bis dreimal am Tag.**

Sitz und Platz nur eine Momentaufnahme?

Hunde, die zwar die gewünschte Position einnehmen, diese aber sofort wieder verlassen, haben gelernt, dass sie für das Einnehmen der Position eine Belohnung erhalten, für das Halten der Position aber nicht. Wenn das der Fall ist, sollten wir den Vierbeiner mit mehreren Leckerlis nacheinander bestätigen, solange er noch sitzt oder liegt. So haben wir die Möglichkeit, im Laufe des Trainings den Abstand zwischen den Leckereien zu vergrößern. Er wird dann darauf warten und so lernen, die Position länger zu halten.

Damit unser Hund längere Zeit liegen bleibt und nicht sofort aufsteht, schmeißen wir ihm im Liegen am besten regelmäßig Leckerlis zwischen die Beine und erhöhen allmählich die Abstände zwischen der Leckerchengabe. Bei sehr jungen Welpen ist es möglich, ihnen die Belohnung aus der Hand zu geben, da sie noch Schwierigkeiten haben, fallende Leckerchen mit den Augen zu verfolgen und auf dem Boden zu finden. Soll der Vierbeiner sitzen bleiben, stellen wir uns einfach vor den Hund und geben ihm immer wieder ein Leckerchen. Auch hier vergrößern wir nach und nach den zeitlichen Abstand zwischen den Leckerligaben.

Ein Auflösekommando ist absolut wichtig!

Der Grundsatz sollte im Training und außerhalb lauten: „Ein Kommando gilt, bis ein neues folgt!". Unsere Fellnase soll so lange Platz machen, bis wir ihm etwas anderes sagen. Damit er dann irgendwann aufstehen darf, brauchen wir also ein „Auflösekommando". Was das ist, kann jeder selbst entscheiden. Ich empfehle ein Wort, das im Alltag nicht ständig vorkommt, wie bspw. „Go" oder „Lauf". Viele benutzen „OK", aber das sagt man einfach zu häufig und das kann den Vierbeiner verwirren. Dieses Auflösekommando können wir immer dann aussprechen, wenn wir sehen, dass der Hund jeden Moment aufstehen wird. Ist das Training etwas fortgeschrittener und kann unser Hund ein paar Sekunden sitzen oder liegen, sagen wir es selbstverständlich erst, wenn er auch aufstehen darf. Steht er vorher auf, sollten wir ihn korrigieren und wieder in die geforderte Stellung bringen, ohne ihn allerdings dann dafür zu belohnen.

Sitzen und Liegenbleiben

Etwas schwieriger wird es für viele Vierbeiner, wenn es darum geht, sitzen und liegen zu bleiben. Meist steht die Fellnase aus dem Liegen auf, sobald wir aus der Hocke eine aufrechte Position einnehmen, denn dann bewegt sich die Leckerli-Hand wieder nach oben. Das „Sitzenbleiben" ist hingegen für viele Tiere einfacher. Daher sollten wir beim Üben mit dem „Sitzenbleiben" beginnen. Das bedeutet konkret, dass unser Vierbeiner auch sitzen bleibt, wenn wir uns von ihm entfernen und nicht sofort nach dem Hinsetzen wieder aufsteht. Und wir sollten uns nach etwas Training auch ein paar Meter vom liegenden Hund distanzieren können.

Der Draufgänger hat es schwer

Gerade für den „Draufgänger", der immer Hummeln im Hintern hat, ist das Liegen- oder Sitzenbleiben schwierig. Bei dem Typ Hund helfen nur viele, aber kurze Trainingseinheiten und wirklich konsequentes Korrigieren, sobald er aufsteht. Nur dann wird er auf Dauer lernen, dass ihn Aufstehen nicht weiterbringt. Der „Denker" hat es da deutlich einfacher, weil er von sich aus eher ruhend abwartet, wenn er nicht weiß, was zu tun ist. In diesem Fall hat er dadurch schneller Erfolgserlebnisse.

Sitzt der Vierbeiner, entfernen wir uns zunächst mit ausgestreckter Hand einen Schritt von ihm. Dabei darf ruhig noch mal ein „Sitz"-Kommando als Erinnerung folgen.

Bleibt der Hund sitzen, loben wir ihn unmittelbar verbal und gehen dann auf ihn zu, um ihm ein Leckerchen zu geben.

Nach einigen Trainingseinheiten distanzieren wir uns immer etwas weiter vom Hund und nehmen danach die Hand runter. Bleibt er auch dann sitzen, loben wir ihn umgehend und bringen ihm die Belohnung.

Leckerli werfen? Ja, aber nur mit Auflösekommando

Bei einer größeren Entfernung von ein paar Schritten zum Hund werden wir es nicht schaffen, die maximal 2 Sekunden Distanz zwischen gewünschtem Verhalten und Bestätigung einzuhalten, wenn wir die Leckerei zu ihm bringen müssen. Dieses Problem lässt sich durch Einsatz eines Clickers lösen. Der Click folgt, wenn wir mit Abstand zum Hund stehen und wir haben dann Zeit, die Belohnung zu bringen. Alternativ könnten wir sie ihm entgegenwerfen. Das aber bitte nur mit gleichzeitigem Auflösekommando, denn der Vierbeiner wird höchstwahrscheinlich die Sitz-Position verlassen, um das Leckerchen zu fangen.

Für das Liegenbleiben gehen wir ganz ähnlich vor. Zunächst machen wir dem Hund klar, dass von oben ein Leckerchen kommt und auf den Boden zwischen seine Beine fällt, solange er liegt.

Nun entfernen wir uns allmählich rückwärts immer weiter vom Hund, warten kurz auf Abstand und gehen wieder zu ihm, um ihn, sofern er liegen geblieben ist, zu loben und das Leckerchen zwischen die Pfoten zu schmeißen. Unterstützend darf am Anfang ruhig noch ein Handzeichen für das Platz gegeben werden.

Wichtig – Nie aus Sitz oder Platz abrufen

Solange man das Sitzen- und Liegenbleiben trainiert, auch wenn man sich entfernt, empfehle ich, den Hund niemals aus dieser Position abzurufen, um ihn bei uns zu belohnen, aus reiner Bequemlichkeit, damit wir nicht zu ihm gehen müssen. Das trägt nicht zum Verständnis des Hundes bei!

Wenn es nicht klappt:

Manche Hunde haben es einfach drauf. Sie machen ein schnelles und sicheres „Sitz" oder „Platz", halten diese Position aber nicht mal ein paar Sekunden. Das liegt in der Regel weniger an den Hunden als an uns. Mein Tipp, wenn das Liegen- bzw. Sitzenbleiben wie beschrieben einfach nicht klappen will, vielleicht einmal überdenken, ob unbeabsichtigt das Aufstehen gefördert wurde?

Beispiel „Platz" und Liegenbleiben

Der Hund macht auf Kommando „Platz" und bekommt dafür ein Leckerchen. Er steht danach sofort wieder auf. Wer rein positiv trainieren möchte, bestraft den Hund natürlich nicht dafür. Maximal kommt ein erneutes „Platz". Der Hund legt sich wieder und wird erneut belohnt.
Und hier entsteht das Problem. Der Hund lernt, „Platz" machen lohnt sich. Aber wenn er einmal liegt, heißt das zwangsläufig, er muss aufstehen, um sich für sein neues „Platz" wieder einen Keks zu verdienen.
In diesem Fall rate ich zu folgenden Maßnahmen:

- Nur das erste „Platz" wird belohnt. Steht der Hund auf und wir geben ein neues „Platz"-Kommando, dann folgt maximal ein verbales Lob, kein Keks, kein Click.
- Belohnt wird stattdessen das Liegenbleiben, indem wir dem Hund alle paar Sekunden ein Leckerchen zwischen die Pfoten schmeißen. Diese Zeitspanne dehnen wir dann allmählich aus.
- Steht der Hund von selbst auf, folgt unmittelbar, möglichst sogar zeitgleich ein negatives Abbruchsignal und für das neue „Platz" gibt es natürlich keine Belohnung, siehe Punkt 1.
- Geduld und unzählige Wiederholungen.

Steht der Hund aus dem Platz auf, folgt sofort ein neues Kommando, das auch konsequent durchgesetzt und nicht besonders belohnt wird.

Ins Körbchen schicken und liegen bleiben

Ganz wichtig ist, dass der Hund lernt, sich in sein Körbchen oder auf seinen Platz/seine Decke zu legen und dort länger zu liegen. So können wir ihn auch mal „aus dem Weg schaffen", wenn bspw. der Handwerker kommt, oder viele Besucher da sind, oder weil er einfach gerade mal etwas runterkommen muss und sich abseits vom familiären Trubel erholen soll. Und wenn wir unserem Vierbeiner das auf positive, spielerische Weise klar machen, wird er es nicht als „Strafe" empfinden, sondern lieben. Und so geht's!

Voraussetzungen

Damit das Training wie beschrieben funktioniert, sollte der Hund bereits das „Platz"-Kommando kennen und gerne und zügig befolgen und auch schon eine halbe Minute oder länger liegen bleiben.

Im ersten Schritt machen wir ihm den Platz schmackhaft. Ich rate dazu, im Beisein des Hundes ein Leckerli auf den Platz zu werfen. Er darf hinlaufen und sich das Leckerchen holen. Läuft er dann freudig und zügig auf den gewünschten Platz, dann kann auch direkt das Kommando, bspw. „Decke", erfolgen. So verknüpft er schnell, dass „Decke" ein tolles Kommando ist, denn es gibt ja was zu fressen.

Der nächste Schritt folgt, sobald sich unser Vierbeiner auf das Kommando „Decke“ in Bewegung setzt. Nun gehen wir dazu über, die Belohnung erst dann zu werfen, wenn sich der Hund bereits auf dem angewiesenen Platz befindet. Alternativ kann man das Leckerchen aber natürlich auch aus der Hand geben. Allerdings fehlt vielen Fellnasen dann der Spaßfaktor.

Läuft unser Vierbeiner schnell und zügig auf das Kommando auf den Platz, ist es Zeit für den vorletzten Schritt. Nun warten wir ab, was er tut, sobald er auf dem Platz ankommt und KEINE Belohnung kommt. Im Normalfall sollte er erwartungsvoll stehen. Ist das der Fall, folgt das Platz-Kommando und erst, wenn der Hund sich hingelegt hat, bekommt er sein Leckerchen aus unserer Hand gereicht. Hier ist es wichtig, dass es nicht geworfen wird, denn dann wird er voraussichtlich aufstehen.

Was ist, wenn der Hund nicht auf dem Platz wartet? Keine Panik!

In diesem Fall müssen wir das „Platz“-Kommando nur früh genug sagen, sobald der Vierbeiner seinen angewiesenen Platz erreicht hat, damit er nicht in Versuchung kommt, wieder herzukommen. Klappt das nicht, weil er das „Platz“-Kommando noch nicht schnell genug annimmt, helfen wir ihm, indem wir ihn korrigieren und ihn wieder auf den Platz bringen und mit Leckerchen oder Handzeichen in die Platz-Position dirigieren.

Liegt der Hund auf dem angewiesenen Platz, müssen wir ihm das nur noch schmackhaft machen, indem wir ihm wie beim Liegenbleiben regelmäßig Leckerchen zwischen die Vorderbeine fallen lassen und die Abstände, in denen die Leckerchen kommen, langsam vergrößern.

Wichtig, ein Auflösekommando einsetzen!

Auch hier ist es ganz wichtig, dass wir dem Hund mit einem Auflösekommando klar machen, wann er wieder aufstehen und den Platz verlassen darf. Am Anfang, insbesondere wenn es sich um einen Welpen handelt, ist es wirklich wichtig, ihn nur kurze Zeit auf seinem Platz liegen zu lassen, vielleicht eine halbe Minute, oder eine Minute. Wenn wir dann allmählich die Zeitspanne ausdehnen und dann auch ein paar Meter weggehen oder mal den Raum verlassen, ist es sinnvoll, wenn wir immer wieder einen Blick auf den Hund werfen können, um ihn zu kontrollieren. Verlässt er ungewollt seinen Platz, müssen wir dies konsequent, aber liebevoll korrigieren, indem wir ihn wieder zurückschicken. Bleibt er hingegen brav liegen, hat er auch in regelmäßigen Abständen ein Leckerchen oder eine Liebkosung verdient. Er soll sich ja nicht „vergessen" oder „abgeschoben" fühlen.

So geht´s ganz einfach Schritt für Schritt:

1. Ein Leckerli wird auf den Hundeplatz geworfen, das darf der Vierbeiner sich gern abholen. Wird dies einige Male wiederholt, wird das Kommando, zum Beispiel „Decke" oder „Körbchen" eingefügt.
2. Wir werfen das Leckerchen erst, wenn der Hund schon auf seinem Platz sitzt.
3. Nach Ausführen des Kommandos wird der Vierbeiner nicht bestätigt. Es folgt das „Platz"-Signal. Dann wird belohnt.
4. Die Zeitspanne, in der er im Platz verweilen muss, wird nach und nach verlängert. Danach folgen ein Auflösekommando und Belohnung.

Aufmerksamkeitstraining

Es gibt Hunde, die gerne ihren eigenen Gedanken nachhängen und dann kaum mehr ansprechbar sind und nicht mitbekommen, wenn wir etwas von ihnen möchten. Das ist unschön und sollte durch etwas Training geändert werden. Das ist nicht wirklich schwer. Notwendig ist dies vor allem beim „Denker"-Typ, in seltenen Fällen aber auch beim Draufgänger. Beim Letzteren ist häufig das Problem, dass er sich von anderen Dingen schnell ablenken lässt.
Allerdings kann das Aufmerksamkeitstraining auch nach hinten losgehen und aus dem vielleicht vorher manchmal abwesenden Vierbeiner wird ein Stalker. Das kann

nur verhindert werden, wenn man das Trainingsergebnis regelmäßig überprüft und abwägt und gegebenenfalls das Training einschränkt. Noch besser ist, man leitet das Aufmerksamkeitstraining mit einem Codewort, bspw. „aufpassen" ein, das der Fellnase auf Dauer klar macht, jetzt ist Aufmerksamkeit gefordert und ist die Arbeit beendet, ist auch wieder Dösen und Entspannen gefragt. Zum Beenden der Arbeit kann wieder das Auflösekommando eingesetzt werden, das der Hund bereits beim „Sitzenbleiben" und „Liegenbleiben" gelernt haben sollte.

Definition „Stalker"

Im Hundetraining wird ein Hund als „Stalker" oder Kontrollfreak bezeichnet, der es als seine wichtigste Aufgabe sieht, alle Familienmitglieder oder zumindest seine primäre Bezugsperson überall zu verfolgen und zu kontrollieren. Das heißt, man hat einen Hund, der kommt mit und wartet vor der Toilettentür, der kommt hinterher, wenn man in den Keller geht, der wählt immer einen Platz, von dem aus er seine Bezugsperson(en) jederzeit beobachten kann, um festzustellen, wann sie aufsteht oder nur zuckt. Das ist nicht nur nervenaufreibend, sondern kann sich auch noch steigern und zu aggressivem Verhalten gegenüber anderen Familienmitgliedern, Besuchern oder anderen Tieren im Haushalt führen. Zudem stresst dies den Hund, der natürlich sehr schnell überfordert ist, weil er diese „Kontrolle" gar nicht dauerhaft durchhalten kann. Hier ist also wirklich Vorsicht geboten.

Tipp, mit Clicker geht es super einfach!

Dies ist eine Übung bzw. ein Training, wo der Clicker besonders gut und effizient eingesetzt werden kann. Kennt der Hund also bereits den Clicker, dann lässt er sich hier gut einsetzen.

Ist unser Vierbeiner häufiger abwesend, wenn wir mit ihm trainieren möchten, dann müssen wir uns für den Hund interessant machen. Bspw. indem wir schnell (ohne es verbal anzukündigen) vom Hund weglaufen oder uns ganz deutlich und offenkundig um andere Dinge als den Hund kümmern. Wichtig ist, dass wir ihn nicht verbal aufmerksam machen, denn das führt nur dazu, dass er lernt „mein Mensch meldet sich schon, wenn er was möchte". Wir möchten aber einen Hund, der darauf achtet, was wir tun und entsprechend mitmacht.

Sobald der Vierbeiner seine Aufmerksamkeit auf uns richtet, wird er überschwänglich gelobt und belohnt. Ein Click in diesem Mo-

ment erlaubt es uns, die Belohnung noch etwas rauszuzögern und so eine längere Aufmerksamkeit vom Hund zu bekommen. Im weiteren Verlauf des Trainings bestätigen wir den Hund regelmäßig dann, wenn er uns von sich aus Aufmerksamkeit widmet und ansieht, uns folgt, ohne uns jedoch dabei zu belästigen.

Tipp – besser den Clicker verstecken!

Viele Hunde haben schnell raus, wenn wir den Clicker nehmen, ist Training angesagt oder die Aufregung steigt bereits, wegen der positiven Erwartungshaltung. Das ist für das Aufmerksamkeitstraining insofern kontraproduktiv, dass der Hund ja dann bereits aufmerksam ist und wir ihm daher nichts wirklich beibringen können. Wir möchten ja seine Aufmerksamkeit in Situationen steigern, in denen er eher abwesend oder abgelenkt ist. Daher ist es sinnvoll, wenn der Clicker für den Hund unsichtbar in der Tasche getragen und dort genutzt wird, so dass er zumindest zu Trainingsbeginn gar nicht weiß, dass er da ist.

Vorsicht Falle – Aufmerksamkeit ist nicht belästigen!

Viele Hunde neigen recht schnell dazu, nicht nur zu gucken und ihren Menschen zu beobachten, sondern dazu auch Nase und Pfoten einzusetzen, nach dem Motto „guck, hier bin ich, jetzt rück schon die Belohnung raus". Genau solche Situationen, so niedlich sie auch sind, sollten keinesfalls bestätigt werden. Hier ist Ignorieren die richtige Reaktion. Unser Hund soll uns beobachten und folgen, aber nicht belästigen.

Hochspringen und nach der Belohnung greifen, ist Belästigen und sollte nicht belohnt, sondern ignoriert werden. Ich rate dazu, die Belohnung in diesem Fall sofort wegzustellen und gleichzeitig das negative Abbruchkommando zu geben.

Aufmerksamkeitstraining kann in jeden Spaziergang eingebaut werden und hilft auch bspw. bei Hundebegegnungen. Mit dem Codewort „Aufpassen" wird unser Hund nach kurzer Zeit im „Arbeitsmodus" sein und seinen Menschen beobachten und das Drumherum ausblenden. Aber nicht vergessen, die Trainingseinheiten sollten ein paar Minuten beim erwachsenen Hund und ein bis zwei Minuten beim Welpen nicht überschreiten und zwingend mit dem Auflösekommando beendet werden.

So geht´s ganz leicht Schritt für Schritt:

1. Wir versuchen, die Aufmerksamkeit unserer Fellnase für uns zu gewinnen.
2. Sobald er uns diese schenkt, wird er belohnt und gelobt. Zusätzlich wird geclickt.
3. Ab jetzt wird der Clicker in der Hosentasche verwendet, damit der Hund ihn nicht sieht.

An – und Ableinen

Das An- und Ableinen ist eine ganz essenzielle Übung. Nur wenn das zügig funktioniert, klappt es auch schnell mit dem Gassigang oder in gefährlichen Situationen mit dem Sichern des Hundes. Wichtig, sowohl das Anleinen, wie auch das Ableinen sind für den Hund etwas Positives.
Wird der Hund nur in Situationen angeleint, die mit etwas Tollem für den Hund enden, wird der Hund das Anleinen nicht als positiv abspeichern. Er beginnt irgendwann, abzuhauen und sich nicht einfangen zu lassen, sobald er bemerkt, dass er angeleint werden soll. Ebenso ungünstig ist es, wenn wir den Vierbeiner immer nur anleinen, wenn bspw. sein Erzfeind oder etwas für den Hund Angsteinflößendes oder Stressauslösendes um die Ecke kommt. Dann heißt in Zukunft Anleinen für den Hund, die Gegend abzuscannen, ob da was kommt. Das ist nicht gut!

Anleinen – ständig üben, auch ohne Anlass

Um zu vermeiden, dass unser Hund den Anleinprozess mit etwas Negativem verknüpft, sollte es ganz häufig als reine Übung zwischendurch, bspw. auf dem Spaziergang eingeflochten werden. Also einfach mal den Hund rufen, anleinen, loben und belohnen und gleich wieder ableinen.

Zum Anleinen locken oder rufen wir den Vierbeiner, sagen das Kommando, das wir für das Anleinen später nutzen möchten und halten die Leine bereits für den Hund sichtbar in der Hand. Ist der Hund da, wird er hochwertig belohnt, bspw. gefüttert. Wichtig dabei, die Leine sollte weiter sichtbar für ihn sein, damit er mit der Leine von Anfang an etwas Positives verbindet.

Wenn diese beiden Phasen einige Male trainiert wurden, kommen wir zum nächsten Schritt des Trainings. Jetzt geht es darum, den Hund wirklich anzuleinen und, sofern er schon ausreichend alt ist, um das zu können, dass er sich zum Anleinen vernünftig und ruhig hinsetzt. Nichts ist lästiger, als dass der Hund rumzappelt und man die Leine nicht ans Halsband oder Geschirr bekommt, weil man womöglich im langen Fell noch nach dem Ring suchen muss.

Nun bringen wir den Hund nach dem Belohnen, wenn er auf den Rückruf und das Kommando „Anleinen" zu uns gekommen ist, in die Sitz-Position, entweder mit einem Kommando, wenn er das bereits beherrscht, oder mit Hilfen (siehe dazu den Abschnitt zur Sitz- und Platz-Übung). Für die Sitz-Position bekommt er noch mal eine kleine Belohnung und wird dann angeleint.

Anleinen begrenzt die Freiheit und muss daher hochwertig belohnt werden

Die meisten Hunde begreifen schnell, dass eine Leine sie in ihrer Freiheit begrenzt. Daher ist es ganz wichtig, dass er das Anleinen mit etwas Positivem verknüpft. Nach jedem Anleinen sollte es also nochmal eine hochwertige Belohnung geben. Diese kann, wenn es die Situation erlaubt, auch sein, dass der Hund wieder abgeleint wird.

Wird der Hund bspw. am Ende eines Spiels mit Spielzeug angeleint, ist es sogar sinnvoll, wenn wir ihm nach dem Anleinen das Spielzeug noch mal geben, mit ihm zergeln oder auch den Ball werfen.

Das Ableinen ist für die Hunde immer positiv. Sie haben ihre Freiheit wieder. Deshalb kommt es hierbei nicht darauf an, das Ableinen noch zu bestätigen. Ganz im Gegenteil, hier ist wichtig, dass der Hund lernt, sich zu beherrschen und ruhig zu sitzen. Denn keiner will ja einen Vierbeiner an der Leine, der so in Erwartung der Unabhängigkeit in der Leine steht, dass der Karabiner nicht aufgeht. Daher muss nicht das Ableinen, sondern das Sitzenbleiben belohnt werden. Auch hier macht es Sinn, ein „Ableinen-Kommando" einzuführen, damit der Hund von Anfang an weiß, worum es geht.

Vor dem Ableinen sollten wir den Hund in die Sitz-Position bringen und dann direkt das „Ableinen"-Kommando geben. Ist das eine Übung, die nicht gefestigt ist, kann hier nochmal eine Belohnung erfolgen. Ansonsten ruhig noch einmal „Bleib" oder „Sitz" während des Ableinens sagen und dann mindestens 3 Sekunden warten. Sitzt der Vierbeiner immer noch, folgt noch eine Belohnung, bevor dann ein Auflösekommando folgt, dass es ihm erlaubt ist, sich vom Acker zu machen.

Wenn „Ruhe“ nicht die Spezialdisziplin des Hundes ist …

Lässt sich das ganz einfach abstellen. Sollte der Hund beim Griff zum Karabiner bereits aufstehen, dann wird er einfach konsequent wieder in die Sitz-Position gebracht. Er wird schnell lernen, dass es ohne „Sitz" nicht vorwärts geht. Neigt er hingegen dazu, direkt nach dem Ableinen aufzustehen, macht es Sinn, ihn gleich beim Ableinen am Halsband oder Geschirr festzuhalten. So können wir ihn wieder korrigieren, in die Sitz-Position bringen und darin belohnen, bevor das Auflösekommando folgt.

Wir fassen zusammen – so leinen wir an:

1. **Die richtige Situation aussuchen:** nicht bei Aufregung, nicht bei Stress. Geübt wird das Anleinen immer zwischendurch in entspannten Alltagssituationen. Hier wird bei ruhigem Verhalten reichlich belohnt.
2. **Kommando einführen:** Vor dem Anlegen der Leine sagen wir ein bestimmtes Kommando, damit der Vierbeiner weiß, was auf ihn zukommt. Beim Kommando soll er zu uns kommen, um sich anleinen zu lassen.
3. **Sitz einführen:** Nun bringen wir den Hund in die Sitz-Position und belohnen. Jetzt wird angeleint und der Vierbeiner wird nur belohnt, wenn er dabei ruhig und gelassen bleibt.

So leinen wir ab:

1. Wir bringen den Hund ins **Sitz**.
2. Wir nennen ein **„Ablein-Kommando“,** bei dem der Vierbeiner mindestens 3 Sekunden lang ruhig sitzenbleiben soll. Wenn das klappt, wird er belohnt.
3. Jetzt wird **abgeleint.** Hier muss meistens nicht noch einmal belohnt werden, da das Ableinen eine Belohnung an sich ist.

Leinenführigkeit

Die Leinenführigkeit ist ein recht schwieriges Gebiet, zumal jeder Hundehalter andere Vorstellungen davon hat. Wir wollen uns daher an dieser Stelle darauf beschränken, dass der Vierbeiner bevorzugt an lockerer Leine laufen soll, den Radius, den ihm die Leine gestattet, aber zur freien Verfügung nutzen kann.

Was nicht das Ziel sein soll, ist, dass der Hund eine perfekte „Bei-Fuß-Position" lernt oder die ganze Zeit auf der linken oder rechten Seite des Hundeführers läuft. Er soll auf dem Spaziergang ja durchaus mal schnüffeln und urinieren dürfen.

Beim Training sollten wir auch einen Unterschied machen, abhängig davon, ob der Hund eher der Draufgänger ist, der schnell hektisch wird, immer in Bewegung ist, am liebsten überall gleichzeitig sein will, oder ob es sich eher um den Typ „Denker" handelt, der ruhig ist, und sich damit auch leicht lenken und führen lässt.

Nicht zu früh mit der Leinenführigkeit beginnen!

Für das Leinenführigkeitstraining empfehle ich, dass der Hund schon ein Alter von fünf bis sechs Monaten haben sollte. Erst dann ist er von der Konzentration und der Impulskontrolle so weit, dass er sich auch entsprechend lange konzentrieren und beherrschen kann.

Was der kleine Welpe aber schon lernen sollte ist, dass die Leine nichts Böses ist und dass man auch mit Leine an der Seite seines Menschen ein paar Meter gehen kann. Das ist vor allem wichtig, weil gerade Welpen, denen noch der nötige Gehorsam fehlt, oft an der Leine laufen müssen, sei es zum Tierarzt, um die Straße zu überqueren und bei ähnlichen Gelegenheiten. Die ungewohnte Leine veranlasst viele Welpen, stehen zu bleiben und sich einer Fortbewegung zu verweigern. Dann einfach ein Leckerchen oder Spielzeug nehmen und den Hund locken und animieren, mitzukommen. Bitte niemals den kleinen Welpen an der Leine hinterherziehen!

Was wir brauchen:

Leine: Sinnvoll ist, dabei eine Leine zu nutzen, die zwei bis drei Meter lang ist, keine Ziehleine. Sie erfordern zum Ausziehen einen gewissen Zug vom Hund, und genau den wollen wir ja bei einer guten Leinenführigkeit nicht. Es kann eine Leine mit Handschlaufe sein, aber auch einfach eine Schleppleine. Genauso ungünstig wie Ziehleinen sind allerdings Leinen mit einem elastischen Einsatz. Denn auch da merkt die Fellnase nicht sicher, ob die Leine jetzt stramm ist oder nicht.

Rückrufkommando, Auflösekommando, Clicker: Optimal ist es, falls der Hund bereits ein Rückrufkommando beherrscht oder auf seinen Namen hört und ein Auflösekommando gelernt hat. Dieses beendet das Training der Leinenführigkeit, denn wir dürfen nicht von einem Hund erwarten, dass er gleich von Anfang an einen ganzen Spaziergang im Trainingsmodus absolviert. Wir müssen ihm also nach Trainingsende sagen können, dass er jetzt Freizeit hat. Kennt der Vierbeiner den Clicker, ist der eine gute Sache, ansonsten geht es aber auch ohne.

Belohnung: Für die Belohnung eignen sich ein paar Leckerchen, zumindest beim „Denker". Ein Spielzeug macht wenig Sinn, denn beim Werfen würden wir nur auslösen, dass der Hund in die Leine rennt, beim Zergeln provozieren wir jedes Mal, dass der Hund vom Leinenende zu uns zurückkommt.

Halsband/Geschirr: Ob Halsband oder Geschirr ist im Prinzip unerheblich, denn es geht ja eben darum, alles daran zu setzen, dass der Vierbeiner nicht zieht. Ein schlecht sitzendes Geschirr ist dabei nicht gesünder als ein gutes breites Halsband. Da Geschirre jedoch zum Ziehen von Wagen und Karren entwickelt wurden, ist es für den Hund im Geschirr in der Regel deutlich angenehmer zu ziehen als am Halsband. Wer eine Fellnase hat, die stark zieht, sollte zum Halsband tendieren und wer bedenken hat, dass ein schneller Hund zu heftig ins Leinenende rennt, sollte lieber am Anfang die Leine verkürzen!

Es ist wichtig, die folgende Trainingseinheit regelmäßig zu üben, aber auch eindeutig für den Vierbeiner mit einem Auflösekommando zu beenden. Am besten immer zu Beginn eines Spaziergangs, sofern der Hund nicht gerade Druck auf der Blase hat, denn dann sollten wir Verständnis haben, wenn er sich erst einmal erleichtern möchte, bevor er sich konzentrieren kann.

Leinenführigkeit ganz einfach für den „Denker"

Ein Hund, der mit Bedacht handelt und eher ruhig ist, erst denkt und dann tut, der ist in Bezug auf die Leinenführigkeit eigentlich ein leichter Fall.

Wir beginnen am besten in der ***Sitz-Position.*** *Die Leine sollte durchhängen und der Hund entspannt sein. Ich empfehle als Belohnung Leckerchen, die der Hund zwar mag, aber die nicht das absolute Highlight sind. Diese sollten sich möglichst schon in der Hand befinden, damit die Bestätigung schnell genug erfolgen kann.*

Beim Angehen mit dem Hund ist eine kurze Phase, wo auf jeden Fall die Leine locker ist, bevor der Hund das Leinenende erreicht. In diesem Moment loben wir den Hund oder clicken und werfen ihm das Leckerchen zu.

Warum wir kein Leckerchen geben, sondern werfen ...

Beim Werfen des Leckerchens lernt der Hund, dass er nicht zu seinem Menschen laufen muss, um die Belohnung zu bekommen. Müsste er das nämlich jedes Mal tun, hätten wir in Nullkommanichts einen Hund, der nach vorne rennt bis kurz vor Leinenende, umdreht, zurückkommt und wieder losläuft. Das ist sehr nervend und führt zu enormer Unruhe und wir möchten ja einen entspannt an der Leine laufenden Hund haben.

Wird die Leine stramm, gibt es zwei Möglichkeiten, einfach stehen bleiben und warten, bis der Hund sich überlegt, zurück zu kommen und die Leine sich lockert, oder ein Abbruchkommando geben, wie „Nein" oder „Schade", so dass der Hund sofort erkennt, dass die stramme Leine nicht erwünscht ist. Lockert sich die Leine, egal warum, wird der Hund wieder gelobt oder geclickt und das Leckerchen fliegt zum Hund.

So wird der Denker leinenführig:

1. Hund befindet sich in der Sitz-Position, mit lockerer Leine. Dafür wird er belohnt.
2. Der Vierbeiner geht los und während die Leine locker ist, werfen wir ihm ein Leckerchen zu.
3. Bei Nichterfolg ein Abbruchkommando einführen, was bei Leinenzug verwendet wird. So lange die Schritte wiederholen, bis die Leine nicht mehr gespannt wird.

Den Draufgänger bremsen und leiten

Beim Typ Draufgänger ist die Leinenführigkeit nicht ganz so einfach, vor allem nicht, wenn dieser gleichzeitig eher hektisch und aufgedreht ist, denn für eine gute Leinenführigkeit braucht es Ruhe und Gelassenheit. Gerade bei dem eher aufgedrehten Typ Hund ist es wichtig, vor dem Leinenführigkeitstraining für ausreichend Bewegung zu sorgen, bspw. erst mit dem Spielen oder Fahrradfahren. Danach eine kleine Erholungspause, dass der Hund nicht mehr hechelt, und dann kann es losgehen.

Wir beginnen auch hier am besten in der Sitz-Position. Die Leine sollte durchhängen und unser Hund entspannt sein. Wir zeigen ihm deutlich ein Leckerchen, das er gerne mag, aber was nicht so hochwertig ist, dass er sich nicht mehr von uns entfernen mag. Das Leckerchen sollte sich schon in der Hand befinden, damit die Belohnung schnell genug erfolgen kann.

Im optimalen Fall beobachtet der Hund das Leckerchen in der Hand, wenn wir losgehen, und stürmt nicht nach vorne. Wenn er so ein paar Meter läuft, ohne dass die Leine stramm wird, loben wir ihn bzw. clicken und werfen ihm das Leckerchen zu.

Sollte unser Hund doch in die Leine rennen und diese stramm werden, rufen wir ihn zurück und loben ihn verbal, wenn die Leine wieder locker wird. Bleibt die Leine ein paar Schritte locker, wird er erneut gelobt oder auch geclickt und wir werfen ihm das Leckerchen entgegen. Wer mit Abbruchkommando arbeiten möchte, kann dieses auch gerne in dem Moment geben, in dem die Leine stramm wird.

Aufmerksamkeit ist das Ziel!

Leinenführigkeit sollte zum Zweck haben, dass der Vierbeiner seinen Menschen beobachtet und Tempowechsel und Richtungsänderungen beachtet. Bei hektischen Hunden kann es auch helfen, wenn wir, immer wieder, schnell und ohne ihm verbal einen Hinweis zu geben, die Richtung wechseln. So ist er gezwungen, auf uns und unsere Körpersprache zu achten.

Gerade bei hektischen Vierbeinern kann es passieren, dass der Hund in das Leinenende läuft, dann umkehrt, am Hundeführer vorbeiläuft und dann in der anderen Richtung in die Leine rennt. In diesem Fall ist es sinnvoll, den Hund verbal zu loben und zu füttern, sobald er auf Höhe seines Menschen ist. Will er danach weiterhin vorbei, dann gerne ein Abbruchkommando geben.

So wird der Draufgänger leinenführig:

1. Im Sitz wird er belohnt, wenn die Leine locker ist.
2. Wir gehen los und solange die Leine locker ist, werfen wir ihm ein Leckerchen zu.
3. Wird die Leine stramm, wird der Vierbeiner zurückgerufen und belohnt, so-

bald die Leine wieder locker wird.

4. Alternativ wird ein Abbruchkommando eingeführt, das beim Ziehen an der Leine verwendet wird.

Training beenden

Bitte nicht vergessen: Für den Hund ist das Training und kein Spaziergang. Es ist essenziell, ihn aus diesem Training mit einem Auflösekommando in die „Freizeit" zu entlassen und ihm danach ausreichend Gelegenheit zu geben, sich mit Dingen zu beschäftigen, die ihm Spaß machen. Leinenführigkeitstraining ist sehr wichtig, ersetzt allerdings keinesfalls das Gassigehen mit Freilauf oder freiem Laufen an einer Schleppleine. Bei einem jungen Hund sollten solche Trainingseinheiten keinesfalls länger als 10 Minuten dauern, dafür aber regelmäßig stattfinden.

Meist merkt der Hund recht schnell, dass es sich nicht lohnt, wenn die Leine stramm wird. Er aber immer wieder eine Belohnung bekommt, wenn er sich ab und an mal zu seinem Menschen umsieht. Solche Momente, in denen der Hund Blickkontakt sucht, sollten jedes Mal belohnt werden, verbal oder durch Schmeißen des Leckerchens. Natürlich ist es nicht verkehrt, den Hund ab und an mal zurückzurufen, wenn er guckt und bei uns zu belohnen. Wichtig ist, dass er sich danach wieder innerhalb unseres Dunstkreises bis Leinenlänge entfernen darf. Damit er das dann auch macht, können wir ihm noch ein Leckerchen nach vorne werfen, nur nicht zu weit, dass die Leine stramm wird.

Alleinebleiben

Die wenigsten Menschen haben die Möglichkeit, sich wirklich 24 Stunden um den Vierbeiner zu kümmern, denn wir alle müssen arbeiten, mal einkaufen oder zum Arzt. Das ist nicht das Problem, denn unser Hund ist eigentlich ein Vielschläfer. Ein entspannter Hund kann abhängig vom Alter bis zu 20 Stunden am Tag dösen und schlafen und sollte dementsprechend ausreichend Ruhe finden.
Wichtig ist also, ihm beizubringen, dass er auch ohne uns verschnaufen kann. Und das sollte man sorgsam und mit viel Geduld machen, um nicht irgendwann vor dem Problem zu stehen, dass der Hund die Nachbarschaft zusammenbellt oder die Wohnung auseinanderpflückt. Ebenso sollte er lernen, im Auto zu entspannen. Das ist wichtig, damit er nicht im Straßenverkehr randaliert und uns vom Autofahren ablenkt. Für beide Zwecke ist es ratsam, zu trainieren, dass unser Vierbeiner in eine Box geht und dort entspannt.

Tipp – weniger Bewegungsradius, mehr Ruhe!

Ich empfehle, den Bewegungsradius des Hundes einzuschränken, damit er zur Ruhe kommt und zudem die restliche Wohnung vor Knabberattacken und sonstigen Beschädigungen zu schützen, die oftmals

nicht wegen Stress, sondern aus Langeweile passieren. Dazu eignen sich für Kleinhunde und Welpen große Transportboxen oder die Abtrennung eines Teiles des Raumes mit einem Welpengitter und für größere Hunde ein separater Raum. Da gemäß Tierschutzhundeverordnung die Haltung in kleinen Boxen außer zu Transportzwecken nicht erlaubt ist, kommt eine Box tatsächlich nur noch für kleine Hunde in Frage. Diese müsste entsprechende Abmessungen haben, wenn wir den Hund, während wir unterwegs sind, dort unterbringen möchten. Auch für größere Hunde macht es Sinn, ihnen eine Box hinzustellen, denn die brauchen wir zum Transport im Auto. Wenn der Hund später mal wenige Stunden alleine sein muss, können wir die Tür der Box offen lassen, so dass sie einerseits ein Rückzugsort sein kann, der Vierbeiner aber dennoch Bewegungsfreiheit hat. So, wie sie die Tierschutzhundeverordnung fordert.
Ist nachfolgend von Box die Rede, ist damit ebenso ein abgetrennter Bereich oder ein eigener Raum gemeint. Sprich: Ein Ort, in dem wir unseren Hund unterbringen können und wo er Ruhe und Entspannung findet, wie eine Transportbox.
Die Größe der Box hängt davon ab, welchem Zwecke sie dient. Als Rückzugsort für den Hund sollte sie einen ordentlichen Bewegungsfreiraum bieten, also Transportbox im Auto eher knapp bemessen sein, damit der Hund nicht im Falle eines Unfalls durch die Box geschleudert wird.
Der erste Schritt besteht jetzt darin, unserem Hund zu klarzumachen, wie toll und entspannend seine Box ist.

Übertriebene Fürsorge führt schnell zu Trennungsangst und Frustration

Trotz Begeisterung über den tierischen Neuzugang sollte man folgende Dinge nicht tun: Seinen Liebling den ganzen Tag betüddeln, ihm alles hinterhertragen und jeden Wunsch von den Augen ablesen. Wer

AdobeStock: Eva

AdobeStock: standret

das tut, der betont damit die Wichtigkeit des Vierbeiners und degradiert sich in seinen Augen zum Dienstboten. Entsprechend schnell wird unser Hund zum Stalker mutieren und laut protestieren, wenn er von uns getrennt ist, denn ein Dienstbote geht nicht einfach.

In einer solchen Situation dem Hund beizubringen, dass er minutenlang oder sogar wenige Stunden ohne uns zurechtkommen muss und sich dabei noch entspannen soll, ist sehr, sehr schwer.

In der Folge wird unser Hund nämlich nie lernen, allein zu sein, ohne uns, weil er ja gelernt hat, uns zu manipulieren oder uns den ganzen Tag in der Erwartung von Unterhaltung, Action oder Futter hinterherzulaufen. Besser ist es, von Anfang an Konsequenz zu zeigen. Streicheln, kuscheln, Leckerchen und Spielen ja, aber dann, wenn wir wollen, nicht wenn der Hund uns auffordert und auf jeden Fall auch Auszeiten durchsetzen, für uns und unseren Vierbeiner.

Alleine bleiben kann und sollte man schon im Welpenalter trainieren. Dann, wenn der Hund eine Vorstellung davon hat, wo sein Platz, sein Körbchen oder seine Box ist, in der er schlafen und sich ausruhen soll, sollten wir beginnen. Die Basisübung dazu ist das Platz-Kommando, das funktioniert, insofern der Hund sich hinlegt und einen Moment bis ein oder zwei Minuten liegen bleibt.

Zunächst statten wir die Box oder den gewünschten Liegeplatz des Hundes mit einer kuscheligen Decke aus. Wir stellen sie für die ersten Trainingsschritte möglichst so auf, dass nichts rappelt und komische Geräusche macht, wenn unser Vierbeiner hineingeht.

Transportable Boxen sind ideal zum Training

Es gibt im Handel eine große Anzahl transportierbarer, faltbarer Boxen. Die eignen sich sehr gut dafür, mit dem Hund die Box zu trainieren. Er kann darin schlafen und entspannen und man kann sie mitnehmen, wenn man mal mit dem Hund verreist. Dann hat er am Zielort seine gewohnte Schlafbox. Drahtgitterboxen sind auch recht stabil, sollte der junge Hund dazu neigen, in Sachen zu beißen. Stoffboxen sehen netter aus, halten das aber in der Regel nicht aus und sind innen natürlich deutlich dunkler, was die ersten Schritte erschwert. Generell mögen die meisten Hunde dunklere „Höhlen" als Ort zum Dösen und Schlafen. Eine Drahtgitterbox kann man später gut mit einer Decke abdunkeln, wenn man möchte.

Nun locken wir den Hund mit einem Leckerchen in die Box, entweder schmeißen wir das Leckerchen hinein oder reichen es ihm auf der Hand. Wichtig ist, der Hund sollte in der Box sein, wenn er es frisst. Bei sehr ängstlichen Hunden reicht es auch am Anfang, wenn der Hund den Kopf hineinsteckt. Da sind dann eben kleinere Schritte erforderlich.

Dies wiederholen wir ganz oft, immer wieder. Unser Hund soll nur hineinlaufen, sein Leckerchen fressen und darf dann wieder raus. Die Türe bleibt aktuell offen und wir hindern den Hund in keinem Fall am hinauslaufen. Er soll freiwillig rein und auch aus eigenem Willen drin bleiben.

Wir machen zunächst nichts weiter, als unserem Hund den Aufenthalt in der Box so angenehm wie möglich zu machen. Er bekommt darin sein Futter, auch mal was zum Knabbern und bei allem bleibt die Türe offen.

Hurra, unser Hund geht von sich aus hinein!

Irgendwann wird die Fellnase auf die Idee kommen, von selbst die Box als Ruheort aufzusuchen. Dann ist der Punkt gekommen, den nächsten Schritt zu wagen. Darüber hinaus macht es Sinn, dies wohlwollend zu bemerken. Das heißt, geht man an der Box vorbei und der Hund liegt drin, ist ein verbales Lob angebracht oder, sofern der Hund nicht döst oder schläft, auch ein Streicheln oder vielleicht ein Leckerchen in der Box.

Jetzt kann die Türe für einen kurzen Moment mal geschlossen werden. Am besten dann, wenn der Hund mit einem Kauknochen oder seinem Futter beschäftigt ist. Nach einer kurzen Weile, möglichst bevor der Hund selbst wieder raus möchte, öffnen wir die Türe aber wieder, so dass er die Box verlassen kann. Wie lange die Türe verschlossen sein kann, hängt im Einzelfall vom Hund ab. Ist er gerade nach dem Fressen entspannt und döst oder mit Kauknochen beschäftigt und ruhig, kann man durchaus mal 15 bis 20 Minuten die Türe zumachen. Essenziell ist, dass wir in der Nähe der Box für den Vierbeiner sichtbar bleiben.

Wichtig, kein Bahai um die Boxtüre machen

Wesentlich ist, dass wir aus dem Öffnen und Schließen der Türe nichts Außergewöhnliches machen. Es muss einfach normal sein für den Hund, sowohl wenn die Tür verschlossen wird, als auch wenn sie wieder aufgeht. Ruhig hin, Türe auf und ruhig hin und Türe wieder zu, ist optimal.

Verbleibt der Hund ruhig in der Box, auch wenn die Türe geschlossen ist, dann folgt der nächste Schritt. Hier kommt der Vorteil der Box zum Tragen, dass der Hund uns nicht folgen kann. Er soll nun lernen in der Box zu bleiben, wenn wir den Raum, die Wohnung oder das Haus kurz verlassen. Wenn wir bspw. die Müll nach draußen bringen oder die Post reinholen, sind das die Momente, die perfekt für dieses Training sind. Am besten, den Hund mit einem Leckerchen in die Box navigieren, Türe zu, kurz den Müll wegbringen, reinkommen, ein paar Dinge erledigen und die Boxtür wieder öffnen.

Wichtig – keine großen Abschiedsszenen

Für unseren Hund soll es normal sein, dass wir mal ohne ihn die Wohnung verlassen und auch normal, dass wir dann wieder kommen. Große Abschieds- und Begrüßungszeremonien sind daher kontraproduktiv, zumal unsere Hunde nicht so ein Zeitempfinden haben wie wir. Für sie ist eine Stunde nicht deutlich weniger als drei Stunden, in denen sie alleine sind. Also einfach gehen und wiederkommen und auch beim Wiederkommen nicht sofort zum Hund gehen.
Klappt das kurze Alleinlassen des Hundes gut, brauchen wir nur noch die Zeitspanne ausdehnen, in der er alleine bleiben soll. Ist die Box nicht so groß, dass der Hund darin aufrecht richtig gut laufen kann und möchten wir ihm mehr Bewegungsfreiheit gönnen, ist jetzt auch der Zeitpunkt, die Boxtüre offen zu lassen und den Hund auf einen Raum oder einen Teil eines Raums zu begrenzen.

Zusammengefasst: So klappt das Alleinbleiben problemlos:

1. Wir besorgen eine **ausreichend große Box**, in der sich die Fellnase in Zukunft entspannen soll.
2. Der Vierbeiner wird mit einem **Leckerchen** in die Box hinein gelockt. Danach darf er sie wieder verlassen.
3. Die Box wird zu einem **positiven Ort**, an dem auch mal der Futternapf steht oder in der ein tolles Spielzeug liegt.
4. Geht der Hund freiwillig ohne Aufforderung in die Box, **wird er belohnt**.
5. Nun **schließen** wir für ein paar Sekunden die **Tür**. Je nachdem, wie der Hund darauf reagiert, üben wir das Ganze langsam über einen längeren Zeitraum. Danach wird wieder reichlich belohnt.
6. Während er in der geschlossenen Box liegt, **verlassen wir** für einen kurzen Moment **den Raum**. Dieser Zeitraum wird später immer weiter verlängert. Danach üben wir das Verlassen der Wohnung.

Wenn es nicht klappt:

Klappt es nicht mit dem Alleinebleiben, sollten wir vor einer Umstellung des Trainings versuchen, Ursachenforschung zu betreiben und dazu das Verhalten des Hundes zugrunde legen. Hilfreich ist in diesem Fall, auch eine Kamera zu installieren, um den Hund beobachten zu können. So lässt sich auch erkennen, ob das Alleinebleiben zumindest in der ersten Zeit klappt und die Probleme sich mit zunehmender Zeitspanne ergeben, oder ob das Problem sofort auftritt.

Gegen Langeweile gibt es noch die besten Mittel. Dazu rate ich, bevor der Hund alleine bleiben muss, ausgiebig mit ihm spazieren zu gehen, zu spielen, zu trainieren etc. Alles, wodurch er ausgepowert und auch geistig gefordert wird. Dann kann er den Großteil der Zeit mit Schlafen verbringen und für den Rest helfen Spielzeuge, die der Hund möglichst nicht zerstören sollte, oder Trockenleckerchen zum Kauen. Letzteres verhindert im Zahnwechsel auch, dass der Hund sich seine Milchzähne an den Möbeln abwetzt. Bei Stress und Angst würde ich dazu raten, noch mal einen Schritt im Training zurückzugehen und die Zeiträume zu verkürzen. Dies gilt vor allem dann, wenn eine Kamera zeigt, dass das Verhalten des Hundes erst gegen Ende des Zeitraums auftritt. Wer das Verhalten des Hundes auch per Smartphone live verfolgen kann, sollte zum Zurückkommen einen Zeitpunkt abpassen, bevor der Hund Stress oder Angst zeigt und im optimalen Fall zum Hund zurückgehen, wenn dieser noch leise und halbwegs entspannt ist.

AdobeStock: WavebreakMediaMicro

Tierarzt um Rat fragen!

Wenn sich durch Training nichts bessert oder der Hund schon bei einem sehr kurzen Verlassen der Wohnung so in Stress und Panik gerät, dass er sich in einem Zustand befindet, in dem gar kein Lernen mehr möglich ist, rate ich unbedingt dazu, das Problem auch mit dem Tierarzt des Vertrauens zu besprechen. Es gibt viele homöo pathische oder Naturheilmittel, mit denen der Hund besser entspannen kann, angefangen von Pheromonhalsbändern bis zu Beruhigungsmitteln. Erst wenn der Hund ein Stresslevel erreicht, mit dem er in der Lage ist, überhaupt zu lernen, kann Training Erfolg haben. Das gilt auch für das Thema Autofahren.

Autofahren

Autofahren ist für die allermeisten Hunde gar kein Problem. Womit sie aber häufig Schwierigkeiten haben, ist, wenn man sie in eine Transportbox oder einen mit Gitter/Netz abgetrennten Kofferraum sperrt, weg von ihren Menschen. Das ist allerdings neben der Sicherung per Geschirr auf der Rückbank die einzig erlaubte Möglichkeit für den Transport. Daher macht es Sinn, vorher den Verbleib in der Box zu üben, wie dies bereits im Zusammenhang mit dem Alleinebleiben beschrieben wurde. Im optimalen Fall nutzen wir dann die gleiche Box, die wir in der Wohnung für den Hund zur Verfügung stellen, auch im Auto. Wenn das nicht geht, dann bringt es schon eine Menge, die gleiche Decke, die nach dem Hund und der Wohnung riecht, in die Box im Auto zu legen.

Übergangsweise fahren auf der Rückbank oder sicher angeschnallt auf dem Beifahrersitz

Das Boxtraining braucht etwas Zeit, bis es sitzt. Dennoch wird es relativ schnell Situationen geben, wo der Hund Autofahren muss, sei es die Fahrt zum Impfen beim Tierarzt oder vielleicht in die Welpenspielstunde. Meine Empfehlung ist, hier möglichst mit zwei Personen zu fahren, so dass der Beifahrer den Hund ablenken und falls nötig beruhigen kann und den Hund für die Fahrt auf der Rückbank anzuschnallen, um ihm die Fahrt angenehmer zu machen.

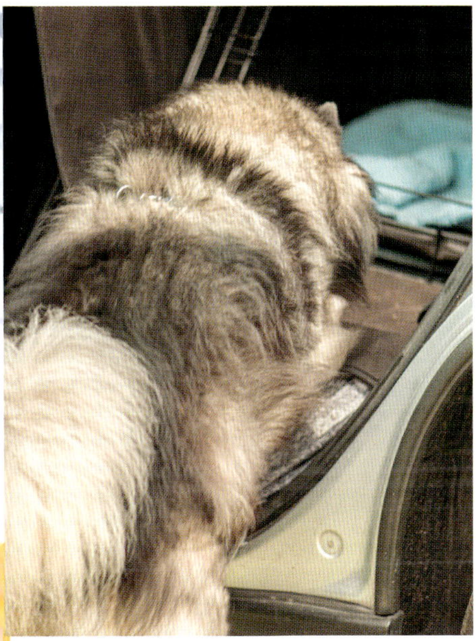

Im ersten Schritt schmeißen wir unserem Vierbeiner ein Leckerchen in die Autobox, um ihn zum Einsteigen zu animieren. Bei einem kleinen Welpen oder kleinen Hund können wir ihn erst in die Box heben und dann in der Box füttern. Wichtig ist, dass der Hund abhängig von seiner Größe, dem Alter und der Höhe der Ladekante am Auto, einen einfachen Weg hat, in die Box zu laufen oder zu springen. Es ist unschön, wenn der noch ungeübte Hund gleich beim ersten Mal die Boxtür verfehlt und mit Schwung vor die Box knallt. Darauf sollte unbedingt geachtet werden.

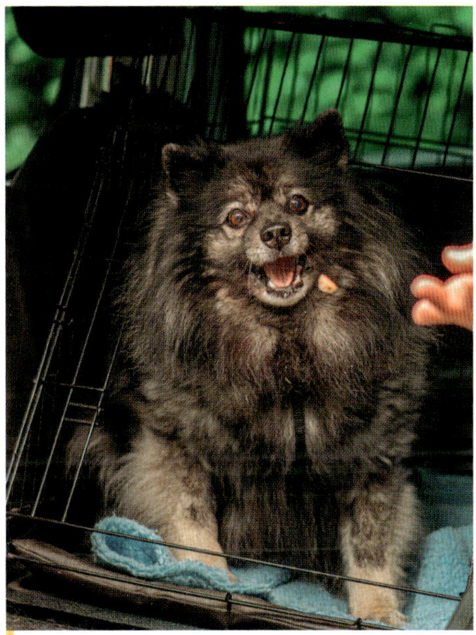

Ist der Hund in der Box, bekommt er noch ein Leckerchen. Entweder was Kleines oder gerne auch was zum längeren Herumkauen, dann hat er Beschäftigung.

Bleibt unser Hund auch in der Box im Auto ruhig, zeigt keine Indizien von Stress (Hecheln, Bellen oder Jaulen, Kratzen in der Box, Gähnen oder permanentes Schnauze lecken) können wir mit ihm eine kurze Strecke mit dem Auto fahren. Wichtig ist dabei, scharfes Bremsen, Kurven mit viel Tempo und Ähnliches zu vermeiden, was für den Hund unangenehm sein könnte. Ebenso

macht es Sinn, ihm zur Ablenkung etwas zu kauen mit in die Box zu geben.
Nach kurzen Strecken, die immer für den Hund einen positiven Abschluss haben sollten, wie einen Spaziergang, Leckerchen am Ende der Fahrt oder auch ein Spiel nach dem Aussteigen, können wir uns auch an längere Strecken wagen.

Wenn es nicht klappt:

Der große Teil der Hunde fährt gerne und entspannt Auto. Allerdings gibt es hartnäckige Fälle, bei denen das nicht klappt, auch mit dem richtigen Training nicht. Das sind oft Hunde, denen schon als Welpe beim Autofahren schlecht wurde, oder die Angst vor bestimmten Geräuschen haben und bspw. durch das Fahrgeräusch in Panik geraten.

Ob einem Hund übel ist, erkennt man unter Umständen nicht daran, dass er erbricht, auch Pfützen aus Sabber nach der Fahrt oder deutliches Schmatzen und Schnauze lecken kann ein Indiz sein.
Gegen Übelkeit hilft gerade beim Welpen, ihn so im Auto unterzubringen, dass er nicht zur Seite aus dem Auto sehen kann. Für die Übelkeit sorgt oftmals das Unver-

AdobeStock: dmytrobandak, standret

mögen des Gehirns, die Bilder von den vorbeiziehenden Häusern, Bäumen etc. zu verarbeiten. Außerdem macht es in diesen Fällen Sinn, den Hund nicht vor der Autofahrt zu füttern, sondern hinterher, denn mit einem leeren Magen kann er nicht erbrechen. Auch Tabletten gegen Reiseübelkeit beim Hund können unter Umständen helfen. Dies sollte jedoch mit einem Tierarzt besprochen werden.
Hat der Hund während der Fahrt Panik, gilt es herauszufinden, woher die kommt, sind es die Geräusche oder die Bewegungen des Autos. Wer genau aufpasst, findet oft eine Ursache. In diesem Fall ist alles hilfreich, was den Hund entspannt und beruhigt, bspw. auch die vorübergehende Unterbringung auf der Rückbank, angeschnallt natürlich. Dann kann sich eine Bezugsperson neben den Hund setzen und ihn so beruhigen und ihm ein Gefühl von Sicherheit vermitteln. Auch die Nutzung einer Hundebox auf der Rückbank erlaubt es, den Hund auf der Fahrt durch einen Beifahrer mit Leckerchen oder Streicheleinheiten zu beruhigen.

Woran wir Panik und Stress erkennen!

Für Stress und die Steigerung Panik sprechen folgende Verhaltensweisen des Hundes:

- **Starkes Hecheln, trotz niedriger Temperaturen**
- **Bellen und Jaulen**
- **Kratzen in der Box, Beißen in die Stangen**
- **Allgemeines Randalieren mit weit aufgerissenen Augen**
- **zurückgelegte Ohren**
- **Urinieren und Koten in der Box**

Einiges davon kann man selbst als Fahrer natürlich kaum erkennen, denn man muss sich ja auf den Straßenverkehr konzentrieren. Wer den Verdacht hat, dass der Hund Panik hat, sollte daher eine Kamera installieren und den Hund und sein Verhalten auf der Fahrt filmen. Wenn wir uns im Anschluss den Film ansehen, werden wir schon am Gesichtsausdruck unseres Hundes erkennen, ob er nur keinen Bock hat, oder wirklich Panik hat. Aus eigener Erfahrung kann ich sagen, dass wir bei panischem Verhalten, auch wenn das Autofahren vorher mal geklappt hat, auch medizinische Gründe nicht ausschließen sollten. Bei meinem Hund war der Anfang eine Schilddrüsenunterfunktion. Seitdem diese mittels Tabletten behandelt wird, ist seine Panik nur noch phasenweise im Ansatz zu merken. Und es war ein langer Weg bis zu dieser Erkenntnis.

Medikamente und Beruhigungsmittel nur nach Absprache mit dem Tierarzt

Ein panischer Hund im Auto, ist auch für uns nichts, was die Verkehrssicherheit erhöht. Wir sind dann einfach viel zu abgelenkt. Wenn sich Autofahrten mit dem Hund nicht vermeiden lassen, sollten wir versuchen, ihn zumindest soweit zu beruhigen, dass wir uns auf den Straßenverkehr konzentrieren können und der Hund sich nicht durch seine Panik noch verletzt und noch mehr in seine Panik hineinsteigert. Nach eigener Erfahrung können dabei Nahrungsergänzungsmittel, pflanzliche Beruhigungsmittel oder Reisetabletten für Hunde sinnvoll sein. Diese helfen auch, den Hund in einen Zustand zu versetzen, in dem er überhaupt wieder empfänglich für positive Erfahrungen beim Autofahren ist. Ein panischer Hund kann nichts lernen, auch nicht, dass die Autofahrt nicht schlimm ist. Ausprobiert und für wirksam befunden habe ich:

- **cdVet Nervennahrung und cdVet Calma**
- **PetoFit Nerven**
- **Adaptil Reisetabletten**
- **verschreibungspflichtiges Beruhigungsmittel vom Tierarzt**

Ohnehin ist es ratsam, egal ob freiverkäufliche Nahrungsergänzungsmittel oder anderes, nur in Absprache mit dem Tierarzt einzusetzen. Nur dieser ist in der Lage und verfügt über den Sachverstand, insbesondere wenn der Hund noch andere Medikamente bekommt, die Folgen und Nebenwirkungen abzuschätzen.

Was wir bis jetzt gelernt haben:

Die Grundkommandos **„Sitz“, „Platz“** und **Kommen auf Zuruf** lassen sich sehr gut schon ab der achten Woche mit den Welpen oder dem frisch eingezogenen älteren Hund trainieren. Hier ist **Konsequenz** und **Belohnung** des gewünschten Verhaltens das A und O.
Es lohnt sich, ein **Auflösekommando** zu trainieren, mit wir eine Übung oder Trainingseinheit beenden können. So versteht unser Hund, wann Gehorsam und Training und wann Freizeit ist.

AdobeStock: Pixel-Shot,Seventyfour, Justyna

Das Hineingehen und Verbleiben in einer **Transportbox** ist eine sinnvolle Übung, die sich für viele Situationen nutzen lässt, vom Erlernen der Stubenreinheit, Alleine bleiben bis zur Autofahrt. Und auch, wenn unser Vierbeiner, was natürlich jeder vermeiden möchte, doch mal in der Tierklinik übernachten muss, schadet es nichts, wenn unser Hund frühzeitig lernt, in einer Box zu schlafen.

Wie schnell und sicher ein Hund **stubenrein** wird, hat nicht nur etwas mit der Art des Trainings zu tun. Auch die körperlichen Voraussetzungen müssen stimmen. Wenn sich der Hund trotz korrektem Training auch nach mehreren Wochen noch nicht meldet, wenn er muss, empfehle ich Geduld und parallel dazu vom Tierarzt organische Ursachen abklären zu lassen.

Leinenführigkeit ist eine sehr komplexe Übung, wo Geduld und Aufmerksamkeit auch vom Hundeführer gefragt ist. Eine stramme Leine kann hier mit einem negativen Abbruchkommando sanktioniert, eine lockere Leine durch ein verbales Lob oder ein geworfenes Leckerchen bestätigt werden.

Wichtig:

Wenn unser Hund nicht lernt oder wir der Meinung sind, die Lernerfolge sind nicht ausreichend schnell, sollten wir überlegen, ob wir vielleicht zu viel vom Hund erwarten und zu wenig von uns? Haben wir unserem Hund vom Typ „Denker" auch genau „erklärt", was wir möchten? Haben wir auch wirklich immer das belohnt, was der Hund richtig gemacht hat, oder war unser Timing vielleicht so schlecht, dass wir was ganz anderes belohnt haben? Haben wir vielleicht unseren Hund vom Typ „Draufgänger" frustriert, weil wir die Belohnungsrate zu schnell reduziert haben oder ihn überfordert haben? Fast immer, wenn der Hund nicht lernt was er soll, liegt es an uns, nicht am Hund. Ich kann nur eindringlich dazu raten, die Ursache dafür bei uns selbst zu suchen!

Will er nicht oder kann er nicht?

Warum ein guter Trainer den Hund lesen muss

Irgendwann kommt bei jedem Hund-Mensch-Team der Punkt, an dem wir uns die Frage stellen müssen, warum das Training oder die Übung nicht klappt. Warum macht unser Hund keine Fortschritte? Warum führt er das Kommando nicht aus, der MUSS es doch inzwischen kennen? Für die Beantwortung dieser Frage und die daraus resultierenden Konsequenzen ist ganz elementar, das Zusammenspiel von Motivation und Stress zu berücksichtigen. Wir müssen den Hund lesen, seine Körpersprache beobachten und so das Training optimieren. Wir müssen mit einem überforderten Hund eben ganz anders umgehen als mit einem gelangweilten und mit einem in der Pubertätsphase anders als mit einem Welpen oder Senior.

Motivation und Stress: zwei wichtige Faktoren im Hundetraining

Stress und Motivation sind zwei Faktoren, die beide für sich Einfluss auf die Lernfähigkeit unseres Hundes und damit auch auf den Erfolg unseres Trainings haben. Sie beeinflussen sich aber auch gegenseitig. Daher kann man sie nicht isoliert betrachten. Wir wollen uns daher zunächst mit den Begrifflichkeiten auseinandersetzen und diese im Zusammenhang mit unseren eigenen Zielen betrachten. Denn wir alle möchten einen gut erzogenen, angenehmen und glücklichen Hund an unserer Seite haben.

Motivation und Frustration

Zwei für das Training relevante Erregungszustände unseres Hundes sind Motivation und Frustration. Dazwischen liegt ein Bereich der Ruhe, in dem die Fellnase entspannt und gelöst ist und nicht zu irgendeinem aktiven Verhalten neigt. Ein Verhalten zeigt sie natürlich immer. Selbst wenn sie entspannt dösend unter dem Tisch liegt, ist das ein Verhalten. Aber es ist keine aktive Handlung, sondern ein passives Verhalten.

Was genau ist Motivation?

Eine echte, einheitliche Definition des Begriffes gibt es gar nicht. Insofern finde ich die Aussage, „Motivation ist die Summe aller Antriebe und Gründe für das Handeln" eine brauchbare Zusammenfassung. Auf den Hund bezogen bedeutet dies: Unter Motivation fassen wir alle Beweggründe des Hundes zusammen, die ihn zu einem aktiven Verhalten bewegen. Dabei können wir noch zwischen folgenden Arten der Motivation unterscheiden:

> **Intrinsische Motivation:** Eine Motivation aus dem Hund heraus, die nicht extern beeinflusst wird. In der Regel sind das selbstbelohnende Verhaltensweisen.
> **Extrinsische Motivation:** Eine Motivation, die extern erzeugt wird, und der der Hund folgt.

Das klassische Beispiel für die extrinsische Motivation ist die Erwartung einer Belohnung für ein bestimmtes Verhalten. Die intrinsische Motivation liegt vor, wenn unser Hund das Verhalten von sich aus zeigt, weil er bspw. Spaß hat, zum Beispiel einem Vogel hinterherzujagen oder etwas Fressbares vom Tisch zu klauen.

In der Regel nutzen wir im Training die extrinsische Motivation durch Lob und Belohnung. Mit entsprechend hochwertiger Belohnung, hoher Belohnungsrate und Wiederholungsanzahl können wir aber eine intrinsische Motivation beim Hund etablieren. Wenn wir immer wieder ein bestimmtes Verhalten des Hundes hochwertig belohnen, wird er irgendwann so viel Spaß an diesem Verhalten entwickeln, dass das Verhalten selbst für ihn belohnend wird.

Möchten wir ein bestimmtes Verhalten von unserem Hund, dann müssen wir ihn dazu motivieren, ihm also einen Grund geben, dieses Verhalten zu zeigen.

Dazu sind zwei Komponenten erforderlich, nämlich:
Unser Hund muss wissen, was wir möchten und er muss wissen, dass es sich lohnt.
Die meisten Hunde lernen recht schnell das Prinzip: Wir sagen ein Kommando, sie zeigen das richtige Verhalten und erhalten dafür eine Belohnung. Was aber passiert, wenn er das falsche Verhalten zeigt oder gar nichts macht? Die Erwartung unseres Hundes, dass es eine Belohnung gibt, wird nicht erfüllt. Nicht erfüllte Erwartungen erzeugen allerdings Frustration.

Beispiel

Motivation und Frust

Nehmen wir an, wir kommen morgens zur Arbeit und unser Chef teilt uns mit: „Wer ein bestimmtes Leistungsziel erreicht, bekommt 14 Tage extra Urlaub." Die meisten von uns würde das sicherlich motivieren zu mehr und besserer Arbeit, oder nicht? Ja klar, aber nur dann, wenn definiert wird, welche Leistung erbracht werden soll. Wenn das nicht klar ist, dann gibt es in der Regel zwei Typen von Mitarbeitern. Die einen sagen, was genau soll ich denn tun, warum soll ich mich anstrengen, ich weiß ja gar nicht, was ich tun muss, um die Belohnung zu bekommen. Die sind mit unserem Hund vom Typ „Denker" zu vergleichen. Für die ist diese Ansage keine Motivation, sondern ganz im Gegenteil sehr frustrierend, denn ihnen fehlt die „Anleitung". Und dann gibt es da die Mitarbeiter vom Typ „Draufgänger", die werden erst einmal ihre Leistung verbessern und hoffen, dass sie das Richtige tun. Hier setzt spätestens dann der Frust ein, wenn sie trotz höherer Leistung erkennen, dass es nicht reicht, dass der Chef vielleicht etwas ganz anderes sehen will. Hier zeigt sich: Nicht erfüllte Erwartungen führen am Ende immer zu Frustration, beim einen früher, beim anderen später. Frust führt immer zu einem Leistungsabfall, zumindest dann, wenn er von Dauer ist. Und genau dieses Beispiel kommt im Training viel zu häufig vor. Wenn wir unserem Hund nicht klar sagen und zeigen, was wir möchten und wie er sich die Belohnung verdienen kann, dann wird er frustriert werden. Der „Draufgänger" probiert vielleicht noch alternative Verhalten aus, um irgendwann doch noch die Belohnung zu bekommen, bei ihm kann auch ein geringer Frust Antrieb für Verhalten sein und somit zu Motivation führen. Der „Denker" wird schnell aufgeben und darauf warten, dass ihm die richtige Richtung vorgegeben wird. Frustration wirkt bei ihm als Bremse für Motivation.

Um Frust zu vermeiden, sollten wir unserem Hund ganz deutlich machen, was wir von ihm möchten. Muss er erst raten, was er tun soll, setzt bei den meisten relativ schnell Frust ein.

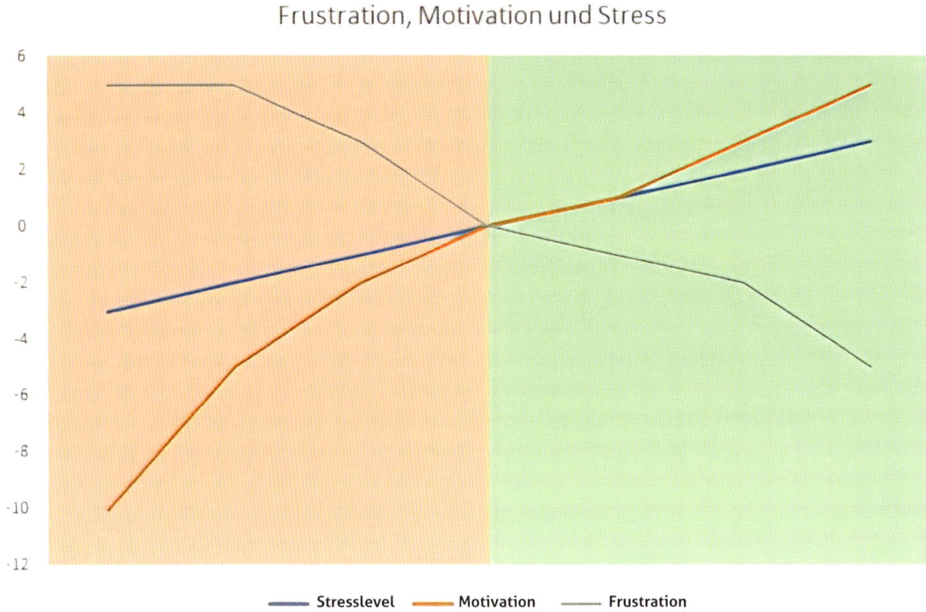

Das Stresslevel des Hundes beeinflusst Frustration und Motivation und umgekehrt. Ist der negative Stress hoch, führt das zu Frustration, ist der positive Stress hoch, führt dies zu Motivation. Die höchste Leistungsfähigkeit und Lernfähigkeit unseres Hundes erreichen wir daher bei kurzfristigen Phasen von Eustress, da dieser Grundlage der Motivation ist.

Eustress und Distress

Stress ist nicht gleich Stress. Es gibt Eustress und Distress. Unter Eustress verstehen wir positiven Stress, bspw. eine positive Erwartungshaltung, eine Übung, die unserem Hund Spaß macht oder auch ein angeborenes Verhalten, wie Jagdverhalten, das Glückshormone beim Vierbeiner ausschüttet. Grundsätzlich kann man sagen: Eustress motiviert den Hund und wird von ihm positiv wahrgenommen.
Distress ist das Gegenteil. Hier handelt es sich um negativen Stress. Er führt im Allgemeinen nicht zur Motivation, sondern zur Frustration und tritt in der Regel auf, wenn der Hund sich unwohl fühlt, bspw. wenn er in der Situation überfordert oder unterfordert ist, wenn er Schmerzen hat. Grundsätzlich liegt Distress immer dann vor, wenn der Hund die Stresssituation als unangenehm empfindet. Dies ist wichtig zu beachten, weil wir oft einen anderen Eindruck von der Situation haben als unser Hund.

AdobeStock: disq

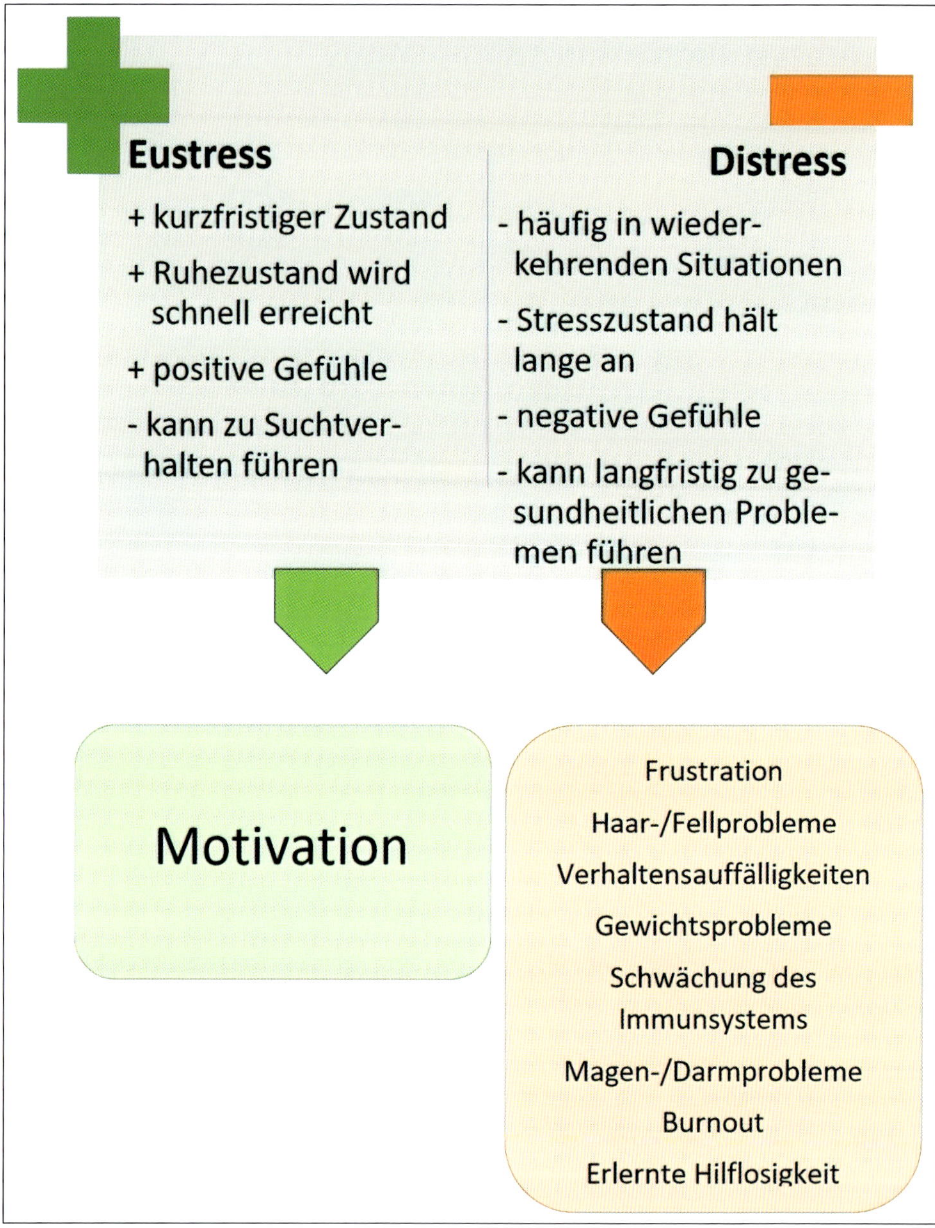

Eustress hat vor allem positive Folgen für unseren Hund, nämlich Motivation. Distress, vor allem wenn er häufig und regelmäßig auftritt, führt schnell zu Verhaltensauffälligkeiten, Angst und Panik, kann aber auch gesundheitliche Probleme wie Durchfall, Probleme mit dem Fell und auch mit der Schilddrüse zur Folge haben. Wenn wir nichts gegen Distress beim Hund unternehmen, kann dies bis zum geistigen und körperlichen Zusammenbruch führen. Führt Distress zu Panik und Angst, kann die Folge auch defensive Aggression des Hundes sein.

Folgen von Eustress

Da Eustress von unserem Hund positiv wahrgenommen wird, besteht die Möglichkeit, dass sich ein Suchtverhalten entwickelt. Das liegt daran, dass Eustress ein kurzfristiges Hochgefühl erzeugt und Glückshormone ausgeschüttet werden. Das Streben nach diesem Zustand führt dazu, dass der Hund immer mehr davon möchte. Der Klassiker ist der Ball-Junkie, ein Hund, den man anfangs nur mit Spielzeug bestätigt hat und der im Hinterherjagen nach dem Spielzeug so viel Glückshormone ausschüttet, dass er dadurch regelrecht süchtig nach dem Spielzeug wird. Ein solcher Hund kann wie beim Distress gesundheitliche Probleme bekommen, wenn wir das Spiel und damit das Suchtverhalten nicht deutlich reduzieren.

AdobeStock: Zhuravleva Katia

Die Probleme von Distress

Bei Distress ist die körperliche Folge des Stresses das eigentliche Problem. Der Körper wird durch die Ausschüttung von Adrenalin und Noradrenalin in Alarmbereitschaft versetzt, um Flucht- und Kampfbereitschaft herzustellen. Das ist ein Automatismus, der in der Natur dafür sorgt, dass der Hund sich in gefährlichen Situationen schnell und angepasst verhalten kann. Adrenalin schärft die Sinne, stellt Energie bereit und steigert die Aktionsbereitschaft. Dies alles passiert in wenigen Sekundenbruchteilen. Für den Abbau dieser Hormone braucht der Körper bis zu 6 Tage. Wenn innerhalb dieser 6 Tage erneut Distress auftritt, steigt der Hormonpegel wieder. Das heißt, der Abbau bis auf den entspannten Normalzustand des Hundes wird weiter verzögert. Solange die Stressoren regelmäßig vorkommen und der Körper die Stresshormone nicht vollständig abbauen kann, entsteht so Dauerstress, der die beschriebenen Folgen haben kann. Ziel bei Hunden mit Distress sollte also vorrangig sein, den Stress zu reduzieren, damit wir die Fellnase in die Lage versetzen, wieder zu lernen und Motivation den Distress ersetzt.

Stress erkennen und damit umgehen

Nun wissen wir, was Distress und Eustress ist. Aber wie und woran erkennen wir Stress beim Hund? Da auch Eustress eben

Stress ist, stellt sich die Frage, lassen sich Eustress und Distress am Verhalten des Hundes unterscheiden? Die Antwort lautet ganz klar „Ja", zumindest in 90% der Fälle.

Stress beim Hund – Auslöser und Anzeichen erkennen

Fast immer lässt sich Stress beim Hund erkennen. Sieht der Hund anders aus als gewöhnlich, also wirkt er besonders „lustig" oder „extrem aufmerksam", ist er hektisch oder stalkt er uns, können wir davon ausgehen, dass er Stress hat. Dennoch gibt es auch Fälle von Stress, die sich nicht so gut erkennen lassen.

Die wichtigsten Stresssymptome lassen sich beim Hund recht eindeutig dem Distress oder Eustress zuordnen. *Es gibt allerdings durchaus allgemeine Stresssymptome, die in beiden Fällen auftreten. Da in der Regel aber nicht nur ein Stresssymptom vorhanden ist, lässt sich an der Gesamtheit eigentlich immer erkennen, ob es sich um Eu- oder Distress handelt.*

Symptome bei Distress

- bellen und jaulen
- andauernder Durchfall, unkontrollierter Kot-/Urinabsatz, erbrechen
- aggressives, unangepasstes Verhalten
- Beschwichtigung
- Angst und Panik
- Zerstörungswut
- übertriebene Körperpflege
- Rute eingekniffen, starr

Allgemeine Stresssymtome

- Übersprungsverhalten
- bellen
- impulsives und reaktives Verhalten
- hecheln
- Stressgesicht (zurückgezogene Lefsen, aufgerissen Augen, zurückgelegte Ohren, faltiges Gesicht)
- unangepasstes Verhalten

Symptome bei Eustress

- bellen, quitschen
- spontaner Durchfall
- Rute ständig in Bewegung, aufgeregt wedelnd
- schlechte Impulskontrolle

Dieser Hund zeigt ein deutliches Stressgesicht. Die Ohren sind zurückgelegt, die Lefzen nach hinten gezogen, das Gesicht insgesamt faltig. Er hechelt leicht und hat eine geduckte Körperhaltung. Zumindest in dieser Momentaufnahme ist Distress als Ursache nicht auszuschließen.

Wichtig – die Gesamtheit zählt!

Fotos zeigen immer nur eine Momentaufnahme, die aus dem Kontext gerissen zu einer falschen Beurteilung führen können. Um zu ermitteln, ob der Hund Distress oder Eustress hat, müssen wir das Gesamtbild seines Ausdrucksverhaltens beurteilen, also bspw. wie lange hält diese Körperhaltung an, ändert sie sich im Verlauf des Trainings oder im Fall einer hochwertigen Belohnung? Ist sie vielleicht auch nur der Erwartungshaltung unseres Hundes geschuldet?

Bei diesem Hund sind eindeutig Stresssymptome zu sehen, nämlich Hecheln in Kombination mit zurückgezogenen Lefzen. Allerdings hat er hier die Ohren aufmerksam gespitzt und zeigt eine aufrechte Körperhaltung. Hier ist von Eustress durch eine positive Erwartungshaltung auszugehen

Lethargie und Depression

Hunde, die oft lustlos, depressiv und lethargisch erscheinen, können so natürlich auf dauerhaften Stress reagieren. Dieser muss aber nicht von uns gemacht oder von uns beeinflussbar sein. Ebenso sind auch medizinische Probleme denkbar, die zu dauerhaften Stressfolgen führen. Wenn unsere Hunde dauerhaft oder regelmäßig Schmerzen haben, bedeutet das natürlich Stress für den Körper und kann entsprechende Folgen haben. Gerade wenn ein Hund allmählich oder plötzlich sein Verhalten ändert und aus einem munteren, fröhlichen Vierbeiner auf einmal ein gelangweilter, sich zurückziehender wird, sollten wir den Gang zum Tierarzt nicht scheuen.

Wenn wir Stress bekämpfen möchten, müssen wir nicht nur erkennen, dass unser Hund gestresst ist, sondern auch herausfinden, was ihn stresst. Vielfach ist das gerade bei Eustress gut zu erkennen. Stalkt uns unser Hund auf einmal in der Wohnung, weil wir die Hundepfeife um den Hals tragen, die wir immer erst vor dem Spaziergang umhängen, dann ist natürlich klar: Der Hund gerät alleine durch die Pfeife in einen positiven Erregungszustand. Eustress ist die Folge. Bei Distress ist es auch häufig gut zu ergründen. Es knallt laut und unser Hund kneift die Rute ein und legt die Ohren zurück, dann liegt hier Distress vor. Oder aber wenn wir ihn mal etwas unsanft einschränken, tadeln oder auch in seine Grenzen weisen, wissen wir natürlich, dass sein gestresster Körperausdruck Distress anzeigt und der Tadel oder unsere Aktion vorher der Auslöser war.

Wenn wir für den Hund eine unangenehme Situation schaffen, bspw. ihm Grenzen setzen, hat der Hund in der Regel ein gewisses Maß an Stress. Der gestresste Ausdruck des Hundes ist also unserer vorherigen Maßnahme geschuldet. ***Hier zeigt er sich durch Beschwichtigen, indem der Hund sich über die Nase leckt.***

Stress abbauen – So geht's!

Wie wir Stress abbauen können, hängt natürlich von der Ursache ab. Bei Eustress, bspw. durch eine positive Erwartungshaltung helfen Übungen, die Ruhe fördern, weniger hochwertige Belohnungen und eine geringere Belohnungsrate. Bei Distress helfen in der Regel alle positiven Erlebnisse, die den Stress vergessen lassen und abbauen. „Positives überdeckt Negatives" ist hier die Regel!

Eustress abbauen – Ruhe und Gelassenheit zurückgewinnen

Da Eustress sich vor allem aus positiver Erwartungshaltung ergibt, gilt es, diese wieder abzubauen. Klar, wir freuen uns ja eigentlich, wenn unser Hund verstanden hat, dass der Griff zur Leine, Pfeife und das Anziehen der Schuhe einen tollen Spaziergang verspricht und unser vierbeiniger Mitbewohner sich freut. Und wer möchte ihn dann schon enttäuschen?

Aber genau das ist leider notwendig.

Wenn unser Hund in helle Aufregung gerät, wenn wir die Schuhe anziehen, dann sollten wir immer wieder über den Tag die Schuhe anziehen, ihn aber wieder auf seinen Platz schicken, wenn er angelaufen kommt. Die Schuhe ausziehen, den Hund auf seinem Platz bestätigen und die Schuhe ein paar Minuten später wieder anziehen. Erst wenn der Hund gelernt hat, geduldig auf seinem Platz zu warten, bis wir das Kommando zum Aufstehen geben, folgt der Spaziergang.

Achtung, Fehler vermeiden

Gerade in der Umlernphase ist es wichtig, dass unser Hund nicht doch die Erfahrung macht, dass auf das Schuheanziehen der Spaziergang folgt. Aber was, wenn unser Hund nun mal raus muss? Ganz einfach, entweder wir ziehen die Schuhe in einem anderen Raum an, so dass der Hund das nicht mitbekommt, oder wir lassen die Schuhe einfach nach dem Anziehen eine Weile (5-10 Minuten) an, während wir unseren Hund auf seinen Platz geschickt haben. Erst wenn er ruhig dort liegt, stehen wir auf, rufen ihn, gehen dann mit ihm zur Leine, und leinen ihn an.

Auch das Anleinen verursacht vielfach eine sehr hohe positive Erwartungshaltung. Da hilft es dann, wenn wir mal nur die Leine nehmen und wieder hinlegen und auch mal den Hund anleinen, ihn loben und wieder ableinen. Je häufiger wir das zwischen den normalen Gassigängen machen, desto schneller wird unser Hund das Gehen zur Haustür oder das Greifen nach der Leine als nicht relevant betrachten und seine euphorische Erwartungshaltung einstellen.

Wenn unser Hund sich aufregt und hochfährt, wenn das Spielzeug kaum in Sichtweite ist, müssen wir dieses dann einfach auch mal wieder in der Tasche versenken und aushalten, dass unser Hund enttäuscht ist. Enttäuschung ist hier das Mittel der Wahl, das der extremen positiven Erwartungshaltung entgegensteuert.

Negativem Stress entgegenwirken

Wir können negativem Stress durch positive Einwirkungen auf den Hund entgegenwirken:

- Lob und Ruheübungen
- Positive Erlebnisse, Spiel, Futter
- Ablenkung
- Gewöhnung

Was davon passt, hängt natürlich von der Stressursache und dem Verhalten unseres Hundes ab.

Beispiel

Alleinebleiben

Hat die Fellnase Probleme mit dem Alleinebleiben, macht es Sinn, mit Ablenkungen und Gewöhnung zu arbeiten. Gewöhnung heißt in diesem Fall, das Alleinbleiben mit anfangs kurzer Dauer zu trainieren und diese später zu verlängern. Wir fangen also bspw. damit an, einfach aus der Wohnungstür zu gehen, vielleicht die Treppe runter, vor die Haustüre oder eine kleine Runde durch den Garten und wieder rein. Später werden daraus 10 Minuten und dann 20 Minuten, bis der Hund sich an immer längere Zeitspannen unserer Abwesenheit gewöhnt hat. Gleichzeitig können wir ihm, um ihm die Zeit zu verkürzen, auch einen Kauartikel oder ein Spielzeug geben, mit dem er sich ablenken kann.

Hat der Hund in bestimmten Umgebungen Angst, bspw. vor fahrenden Autos an einer viel befahrenen Straße oder weil es in der Umgebung regelmäßig knallt, dann kann Gewöhnung bedeuten, dass wir in dieser Umgebung ausgiebig spielen oder ihn mit hochwertigem Futter füttern. So kann der Hund lernen, die an sich stressige Umgebung positiv zu verknüpfen.

Verbellt unser Hund jeden, der vor der Tür steht oder droht, sogar Besucher zu beißen, helfen Ruheübungen, um den negativen Stress zu reduzieren.

Am besten schicken wir einen solchen Hund vor dem Öffnen der Türe ins Körbchen oder auf seinen Platz und bestehen darauf, dass er dort bleibt. Auf Dauer, bei konsequentem Training, wird der Hund dann schon freiwillig das Körbchen aufsuchen, wenn es an der Tür schellt.

Tierärztliche Unterstützung

Es gibt Hunde, die leiden so derartig unter Stress, dass sie in diesen Situationen kaum noch lernfähig sind. Handelt es sich dann noch um Situationen, die man zu Trainingszwecken nicht nachstellen kann, wie das Silvesterfeuerwerk, dann wird es schwierig mit Training. Hier kann der Gang zum Tierarzt durchaus sinnvoll sein, um mit diesem zu beratschlagen, ob der Vierbeiner mit Beruhigungsmitteln, Hanfpräparaten oder pflanzlichen Ergänzungsfuttermitteln in einen Zustand mit geringerem Stresslevel versetzt werden kann.

Was wir in diesem Kapitel gelernt haben

- **Stress kann viele Ursachen haben**. Er kann negativ oder positiv, kurzfristig und langfristig auftreten.
- **Eustress ist positiver Stress**, der in der Regel nur kurzfristig da ist und schnell wieder abnimmt.
- **Distress ist negativer Stress**, der oft lange andauert und häufig auch zu unangenehmen Verhaltensweisen bis hin zu Aggressivität führen kann.
- Langfristig andauernder Stress oder sehr häufiger Stress **führt zu gesundheitlichen Problemen.**
- Ziel jedes Trainings sollte sein, **negativen Stress zu vermeiden und positiven Stress möglichst nicht zu häufig einzusetzen.**

AdobeStock: rh2010

Wenn was nicht klappt

Gerade das Thema Stress ist eines, wo man häufig auch an die Grenzen des eigenen Trainings stößt, denn Stress verhindert Lernen und ist ein Hund bspw. bei der Begegnung mit Artgenossen völlig in Rage, ist es schwer, ihm jetzt noch nachhaltig klar zu machen, dass er sich anders benehmen soll.

Oft ist das Timing nicht richtig, wenn etwas nicht klappt. Statt abzuwarten, bis der Hund losstürmt, sollten wir vorher schon mit Gegenmaßnahmen beginnen, also noch bevor der Stress beim Hund so groß ist, dass er durchstartet.

In solchen Fällen hilft es bspw., sich zwischen den Hund und das Objekt der Begierde oder unmittelbar daneben zu stellen und ihm verbal und mit der eigenen Körpersprache klar zu machen, dass Durchstarten nicht akzeptabel ist.

Forderndes Bellen durch einen frustrierten Hund oder einen Hund in extrem positiver Erregungslage lässt sich nur auf Dauer abstellen, indem wir unmittelbar auf das erste Bellen reagieren und unsere Aktivität bspw. das Training oder das Spielen sofort beenden. Am besten mit einem Signalwort wie „Ende", damit der Hund sofort erkennt, „Ups, das war zu viel".

Außer Rand und Band – Wie ich Grenzen setze

Grenzen setzen ist ein ganz wesentlicher Aspekt in der Hundeerziehung. Denn Grenzen unterscheiden Hundetraining von Hundeerziehung. Natürlich kann ich meinem Hund beibringen, in sein Körbchen zu gehen, statt den Besuch anzuspringen. Bei vielen Hunden funktioniert das durchaus mit entsprechender Motivation und Belohnung. Aber ist das Erziehung? Nein, ganz sicher nicht. Erziehung beginnt da, wo ich meinem Hund klar mache, was er darf und auch, was er nicht darf, so dass ich ihn in die Lage versetze selbst zu entscheiden, wie er sich verhält, ohne dass er Verhalten zeigt, das nicht erwünscht ist. Erziehung geht also definitiv über reines Hundetraining hinaus, denn beim Training verknüpfe ich Verhaltensweisen mit Signalen. Ich kann das unerwünschte Verhalten meines Hundes so umlenken, dass er erwünschtes oder zumindest nicht störendes Verhalten zeigt. Das funktioniert aber nur, solange seine Motivation das unerwünschte Verhalten abzuschalten, ausreichend hoch ist.

Der rein positive Weg

Wer rein positiv mit seinem Hund trainieren möchte, muss sich die Frage gefallen lassen, ob er damit überhaupt Grenzen setzen kann? In meinen Augen geht das nicht, denn „Grenzen setzen" ist aus Sicht des Hundes immer negativ. Grenzen verhindern, dass unser Hund das tut, was er möchte, nämlich weil wir es nicht möchten. Jeder Abbruch einer für den Hund positiven Aktion, die ihm Spaß macht oder Vorteile bringt, ist laut Definition eine Strafe. Wer sich für einen ausschließlich positiven Weg des Hundetrainings entscheidet, muss daher auf „Grenzen setzen" verzichten. Das heißt allerdings nicht zwingend, dass man sich mit unerwünschtem Verhalten abfinden muss. Die Lösung heißt, Alternativverhalten aufzubauen.

Alternativverhalten, was ist das?

Zunächst ist es wichtig zu verstehen, was ein Alternativverhalten ist und welchen Zweck es erfüllt. Als Alternativverhalten bezeichnen wir ein Verhalten unseres Vierbeiners, das dem unerwünschten Verhalten entgegensteht und das uns nicht stört oder sogar ein gewünschtes Verhalten ist.

Beispiel

Möchten wir erreichen, dass unser vierbeiniges Familienmitglied nicht bei jedem Klingeln an der Tür wie irre zur Haustüre läuft und den Besucher verbellt oder beim Öffnen der Türe freudig anspringt, geht das mit Alternativverhalten. Dies könnte sein, ihm beizubringen, beim Klingeln an der Türe automatisch auf seinen Platz oder in sein Körbchen zu laufen. Dann kann er nicht an der Tür bellen oder den Besucher anspringen, denn er ist ja weit entfernt von der Türe in seinem Körbchen und wartet dort auf „Anweisung". Ein anderes Alternativverhalten für diesen Fall könnte sein, dass unser Hund sich hinlegt oder hinsetzt und zwar ruhig und entspannt. Auch dies verhindert das Bellen und Anspringen.

Wann lassen sich Alternativverhalten einsetzen und trainieren?

Wenn wir Alternativverhalten trainieren möchten, muss es einen für uns erkennbaren und für Trainingszwecke reproduzierbaren Auslöser für das unerwünschte Verhalten geben. Beim Klingeln an der Haustür ist das kein Problem.
Das unerwünschte Verhalten unseres Vierbeiners darf aber für ihn nicht so selbstbelohnend sein, dass wir mit unseren Belohnungen für das Alternativverhalten nicht mithalten können.
Der Auslöser für das unerwünschte Verhalten darf unseren Hund auch nicht in einen emotionalen Zustand versetzen, der Lernen verhindert. Also weder in besonders positive Erwartungshaltung, noch in Stress und oder in einen extrem aggressiven Zustand.
Und die vierte Voraussetzung ist viel Geduld und Konsequenz und viele Trainingseinheiten mit unserem Hund.

Fakt ist, Alternativverhalten zu etablieren, ist zeitlich und vom Trainingsaufwand her, viel aufwändiger als das Setzen von Grenzen.

Und so geht's, Alternativverhalten für Aufregung beim Klingeln

Wenn wir also ein Alternativverhalten etablieren möchten, das der Hund zukünftig zeigen soll, wenn es an der Haustüre schellt, dann geht das wie folgt.

Im ersten Schritt trainieren wir zunächst ein Signal, mit dem wir unseren Hund auf seinen Platz schicken oder in eine ruhige und permanente Sitz- oder Platzposition bringen können. Dieses Verhalten muss so gut und zuverlässig trainiert werden, dass es auch mit Ablenkung funktioniert.

Im nächsten Schritt suchen wir uns eine Person, die für Trainingszwecke an der Haustüre schellt. Unmittelbar nach dem Schellen geben wir das Kommando für das Alternativverhalten und belohnen unseren Hund auf seinem Platz oder in seinem Körbchen mit einem hochwertigen Leckerchen für das Verbleiben auf seinem Platz.

Nach einiger Zeit konsequenter Übung sollte unser Hund schon automatisch seinen Platz aufsuchen, wenn es an der Tür schellt und auch liegen oder sitzen bleiben, wenn die Türe geöffnet wird. Wichtig ist auf jeden Fall, dass wir unseren Hund konsequent korrigieren, falls er seinen Platz verlässt. Er darf sich aber ruhig auf seinem Platz umdrehen, um den Besucher zu sehen. Es reicht aus, wenn er liegen oder sitzen bleibt.

Tipp – die Türe nicht öffnen

Gerade am Anfang des Trainings macht es Sinn, wenn wir unserem Helfer die Türe nicht öffnen. Denn das Öffnen und Eintreten des Besuchers ist in der Regel das, weshalb unser Hund sich schon beim Schellen aufregt, positiv oder negativ. Wenn er nicht nur das Alternativverhalten lernt, sondern auch noch, dass Schellen nur ein Geräusch ist und danach nichts Wichtiges passiert, umso besser.

Bei diesem „Problem" ist ein Alternativverhalten eine gute Sache, weil richtig konditioniert brauchen wir dem Hund irgendwann gar kein Kommando mehr geben. Es klingelt und der Hund geht auf seinen Platz. Allerdings lässt sich ein Alternativverhalten nicht immer so sinnvoll einsetzen.

Wenn es nicht klappt

Natürlich kann es sein, dass sich das Alternativverhalten nicht immer beim Hund abrufen lässt, auch wenn das Training schon fortgeschritten ist. Das bedeutet, dass es noch nicht fest mit dem Klingeln an der Tür verknüpft ist. Umso wichtiger ist wirklich konsequentes Training. Es sollte kein einziges Mal vorkommen, dass es an der Tür schellt und der Hund nicht seinen Platz aufsucht. Macht er das nicht von sich aus, zeigen wir ihm seinen Platz und „erklären" ihm, was er tun soll. Erst wenn er dort liegt oder sitzt, wo er sein soll, öffnen wir die Tür.

Auch im Trainingszeitraum, also wenn wir beginnen das Verhalten zu etablieren, wird es natürlich vorkommen, dass auch mal ein Nachbar oder der Postbote klingelt, der nichts davon weiß, dass wir den Hund trainieren. Würden wir in einem solchen Fall überstürzt zur Türe rennen und nicht auf den Hund achten, ist das bisher Gelernte schnell wieder weg. Bei jedem Klingeln, wirklich jedes Mal, müssen wir das Alternativverhalten bei unserem Hund durchsetzen und das kann schon mal Zeit kosten. Deshalb hilft ein Zettel an der Tür als Info, dass es etwas dauern kann, bis die Tür geöffnet wird, damit derjenige der klingelt, auch entsprechend wartet. Dann haben wir Zeit und Ruhe, um auch in solchen ungeplanten Fällen das Training durchzuführen. Gerade bei den extrem aufgeregten und

AdobeStock: chuchi25, LIGHTFIELD STUDIOS

freundlichen Hunden, die jeden Besuch begrüßen

möchten, ist es oft schwer, dem Hund Ruhe und Entfernung zur Tür schmackhaft zu machen. Dabei kann es helfen, wenn wir unserem Hund auf seinem Platz ein Leckerchen zum längeren Kauen oder ein Spielzeug geben, damit er sich dort beschäftigen kann und sein Interesse am Besuch sinkt. Damit das funktioniert, sollte das Spielzeug oder Leckerchen parat liegen, damit wir es unserem Hund geben können, sobald es schellt und er sich auf seinem Platz aufhält, denn auch hier ist gutes Timing Voraussetzung für den Erfolg.

Vorsicht Ressourcenverteidigung!

Neigt der Hund zur Ressourcenverteidigung, auch beim liebsten Labrador und Golden Retriever kommt das vor, sollten wir bei Gabe von Leckeren und Spielzeug natürlich darauf achten, dass der Besucher nicht in die Nähe des Hundes kommt. Sonst kann es passieren, dass unser Hund lernt, das Klingelgeräusch heißt „aufpassen, Ressourcen verteidigen" und das vorher freundliche Begrüßen schlägt in Aggression um!

Etwas zur Beschäftigung, wie ein Kauspielzeug oder ein Trockenleckerchen, das gleichzeitig eine hochwertige Belohnung für unseren Hund darstellt, kann ihm helfen, das Aufsuchen des Platzes beim Klingeln als positiv und erstrebenswert zu erleben und so das Alternativverhalten schneller „abspeichern".

Arbeit mit Lob und Tadel

Grenzen setzen können wir nur, wenn wir unserem Hund klar machen, was er nicht darf, wo er also die gesetzten Grenzen überschreiten würde. Möchten wir bspw., dass unser Hund nicht die Küche betritt, müssen wir ihm klar machen, „bis hier und nicht weiter". Das geht nicht mit Alternativverhalten. Warum nicht?

Ganz einfach! Wenn wir immer, wenn der Hund eine Pfote auf den Boden der Küche setzt, ihm bspw. ein Kommando geben mit dem wir ihn wegschicken oder sitzen lassen, dann lernt der Hund zwar, irgendwann, wenn wir in der Küche sind, muss er vor der Küchentür absitzen, er lernt dabei aber nicht, dass er die Küche nicht betreten soll. Im besten Fall wird das Verhalten, sich vor die Küche zu setzen zu einem Automatismus. Im schlechtesten Fall macht unser Hund es in unserer Abwesenheit oder wenn wir abgelenkt sind, dennoch. Er hatte nicht die Chance, zu verstehen, dass es um das Betreten der Küche geht und nicht um das Befolgen des Kommandos für das Alternativverhalten. Noch dazu erhält unser Hund jedes Mal, wenn er die Küche betritt, unsere Aufmerksamkeit durch das Kommando. Wenn dieses positiv aufgebaut wurde, erlebt er somit selbst das Kommando als etwas Positives und wird daher auf Dauer für das Betreten der Küche belohnt. Möchten wir ihm sicher klar machen, dass er in unserer Küche nichts zu suchen hat, dann geht das nur, indem wir ihm wirklich Grenzen setzen und das setzt mindestens Lob und Tadel voraus.

Was ist Tadel?

Nachfolgend ist unter „Tadel" jegliches Eingreifen in das Verhalten des Hundes zu verstehen, das dem Hund ohne Schmerzreize klar macht, dass das Verhalten nicht erwünscht ist.
Das kann sein:

- **ein deutliches, verbales Verbot**
- **eine eindeutige Geste oder Körpersprache**
- **oder auch eine Kombination aus beidem.**

Die Nutzung von Tadel, um Grenzen zu setzen, bedeutet nicht, dass der Hund nicht auch gelobt werden darf, wenn er bspw. nach kurzem Training beginnt, automatisch ein angepassteres, besseres Verhalten zu zeigen. Ganz im Gegenteil. Grenzen setzen heißt natürlich auch, dass wir unserem Hund sagen, wenn er sich richtig verhält und die Grenzen akzeptiert.
In jedem Fall müssen Grenzen natürlich gerade am Anfang des Trainings konsequent vermittelt und verteidigt werden. Ein „es war ja nur eine Pfote in der Küche" ist nicht konsequent, denn wird das geduldet, folgt danach häufig die zweite Pfote, dann die dritte und irgendwann ist der Hund doch in der Küche. Natürlich ist das nicht bei jedem Hund der Fall. Es gibt durchaus welche, die Grenzen sofort akzeptieren, aber viele tun das eben nicht. Sie testen aus, wie und wann sie diese Grenzen etwas zu ihren Gunsten verschieben können.

Damit unser Hund lernt, einen Raum nicht zu betreten oder zu verlassen, markieren wir am besten gut sichtbar die Grenze, die wir durchsetzen möchten.

Überschreitet unser Hund nun die Linie, gehen wir mit deutlicher Geste auf den Hund zu, rügen ihn zusätzlich verbal und veranlassen ihn damit, zurück hinter die Linie zu gehen. Dort angekommen, darf er dann gerne auch verbal gelobt werden.

Tipp: Grenzen sichtbar markieren

Geht es darum, dass unser Hund bestimmte Räume nicht betreten oder einen bestimmten Bereich nicht verlassen soll, hilft es, diesen Bereich gut sichtbar bspw. mit Klebeband zu markieren. So ist für den Hund und für uns selbst genau sichtbar, ob eine Pfote über der Markierung ist oder nicht.

Schnell und eindrucksvoll korrigieren

Wichtig ist, für einen nachhaltigen Lerneffekt, beim Anbringen von Tadel, diesen nicht zu zaghaft anzuwenden. Je eindrucksvoller Körpersprache und verbale Kommunikation sind und je zügiger nach Überschreiten der Grenze sie angewendet werden, desto mehr wirkt der Überraschungseffekt beim Hund und desto nachhaltiger behält er das in Erinnerung.

Anhand der nachfolgenden Beispiele wollen wir, sofern möglich beide Methoden, das Etablieren von Alternativverhalten, wie auch die Nutzung von Lob- und Tadel beschreiben.

Besucher anspringen oder belästigen

In der Regel möchten wir nicht, dass unser Hund Besucher vor lauter Freude (und schon gar nicht aus aggressiven Motiven) anspringt oder belästigt. Als Alternativverhalten wäre denkbar, dass der Hund lernt, sich vor den Besucher zu setzen und ihn anzusehen, so dass dieser den Hund dann streicheln und begrüßen kann, wenn er das möchte.

Wenn unser Hund sich sehr über den Besucher freut, ist es meist schon zu spät, um noch Gehorsam für die Etablierung des Alternativverhaltens einzufordern.

Tipp – Zettel an die Tür

Auch hier hilft wieder ein Zettel an der Außenseite der Türe, die Besuchern mitteilt, wie sie sich verhalten sollen, damit das Training optimal verläuft. Dies gilt natürlich auch für die Anwendung von Lob und Tadel.

Für den Anfang macht es Sinn, erst den Hund in die gewünschte Sitz- oder Platz-Position zu bringen, bevor der Besucher eintritt. Das macht es für den Hund in der Regel einfacher. Es gilt also fortan, immer wenn jemand vor der Türe steht, den Hund in die gewünschte Position zu bringen und dann die Türe zu öffnen.

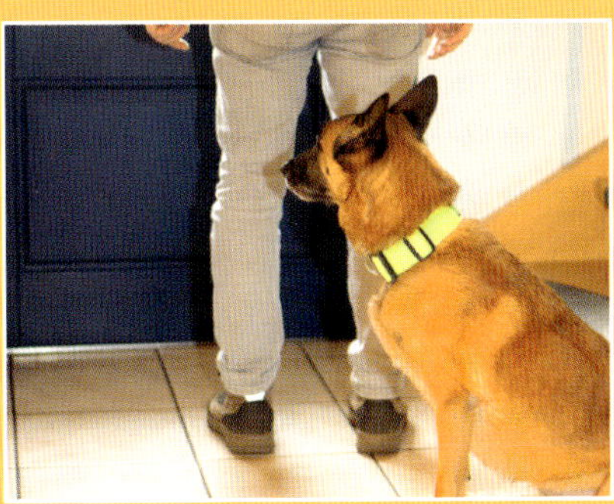

Damit unser Hund nicht lernt, wenn er wieder aufsteht, kommt er dennoch zum Zuge, sollte sich unser Besucher prompt mit dem Rücken zum Hund stellen, sobald dieser die angewiesene Position verlässt.

Bleibt unser Hund brav sitzen oder liegen, darf der Besucher sich ihm widmen und ihn belohnen und ihn dazu auch auffordern, herzukommen.

Damit das Ganze irgendwann funktioniert, ist regelmäßiges Training notwendig und vieeeeele Wiederholungen. Es müssen ausreichend viele sein, damit es für den Hund sozusagen in Fleisch und Blut übergeht, dass er sich brav setzt, wenn ein Besucher durch die Tür kommt.

Möchten wir das Problem über das Setzen von Grenzen lösen, dann kann dies sogar der Besucher selbst, nach entsprechender Anleitung. Das ist sogar die bessere Variante, die dann aber auch von jedem Besucher angewendet werden sollte, sonst wird unser Hund schnell lernen, bei dem einen darf ich das, bei dem anderen nicht. Wir haben aber natürlich auch selbst die Möglichkeit, regulierend einzugreifen.

Grenzen setzen heißt in diesem Fall, dass unser Hund lernt, einen gewissen Abstand zum Besucher einzuhalten. Dieser sollte umso größer sein, je wilder und überschwänglicher der Hund sich verhält. Läuft er freudig und wild auf den Besucher zu, sollte dieser ihn eindeutig mit Körpersprache und verbal auf Abstand halten und zwar energisch und deutlich. Dies bedarf in der Regel nur ein paar Wiederholungen und die meisten Hunde lernen sehr schnell, diese Grenze zu akzeptieren.

Wenn was nicht klappt

Sollte unser Hund trotz Körpersprache und verbalem Grenzen setzen nicht reagieren, müssen wir in der Regel deutlicher werden. Das heißt, nicht nur der Besucher signalisiert dem Hund Abstand zu halten, sondern auch wir selbst. Es macht dann Sinn, sich deutlich zwischen Hund und dem Besucher zu positionieren und den Abstand vom Hund einzufordern.

Bei sehr überschwänglichen Hunden, die vielleicht auch noch sehr jung sind und Schwierigkeiten haben, sich längere Zeit zu beherrschen, sollten wir versuchen, einen größeren Abstand zum Besucher zu schaffen. Denn je größer der Abstand, desto weniger groß ist die Versuchung für den Hund. Wenn unser Hund zunächst mal korrekt reagiert, diesen Abstand aber nicht auf Dauer hält, dann können wir gerne auch den Abstand mit einem verbalen Lob oder einem Leckerchen bestätigen.

Hier kommt dann neben dem Tadel das Lob ins Spiel. Verhält unser Hund sich nach einem Tadel wie gewünscht, darf durchaus Lob folgen, nach dem Motto „Zuckerbot und Peitsche" belohnen wir gewünschtes Verhalten und tadeln unerwünschtes, sodass der Hund schnell eine Vorstellung von richtig und falsch entwickelt.

Tipp: Verbal Grenzen setzen

Wenn wir verbal Grenzen setzen möchten, dann funktionieren dazu eher Geräusche als wirkliche Kommandos. Letztere müssten wir erst mal beim Hund konditionieren, denn er weiß ja nicht, was wir mit „Lass das" oder ähnlichem meinen. Ich nutze dazu eher Laute wie „ÄhÄhÄh" oder „ÖhÖhÖh", die abhängig von der Tonlage und Intensität sehr intuitiv vom Hund verstanden werden.

Unrat fressen

Es gibt leider Hunde, die neigen dazu, alles zu fressen, was sie finden. Das reicht von einem Brötchen, das ein Kind fallen gelassen hat, bis hin zu Kot anderer Tiere oder gar von Menschen. Das ist nicht nur eklig, sondern auch gefährlich, denn schnell ist auch mal ein Giftköder dabei.

Möchten wir vermeiden, dass unsere Hunde Unrat fressen, heißt das, wir müssen ihm dies verbieten. Hilfreich ist dabei, ihm als Ersatz etwas Besseres zu geben, bspw. ein Leckerchen.

Kot fressen, normal oder bedenklich?

Welpen fressen, wenn sie sehr jung sind, oft den Kot ihrer Mutter. Damit nehmen sie auch Darmbakterien auf, die sie zur Verdauung brauchen. Das ist aber ein Verhalten, das in einem Alter, in dem Welpen üblicherweise abgegeben werden, nicht mehr normal ist, wobei sicherlich der eine Welpe früher als der andere damit aufhört. Wenn unser Hund also regelmäßig Kot frisst, dann kann es dafür auch einen medizinischen Grund geben, der abgeklärt werden sollte. In der Regel weist dies auf eine Mangelerscheinung hin. In der Praxis hat sich gezeigt, dass viele Hunde das Kotfressen einstellen, wenn man Bierhefe beifüttert oder eine Kur mit Backhefe macht.

Fressen ist selbstbelohnend

Das Problem ist, dass das Fressen ein selbstbelohnendes Verhalten ist. Wenn wir also möchten, dass unser Hund unser Verbot befolgt, dann verzichtet er damit auf die „Belohnung". Ein solches Verbot wird umso sicherer von unserem Hund befolgt, je geringer der „Verzicht" ist. Belohnen wir ihn also hochwertig für den Verzicht, wird er schnell lernen, dass es sich lohnt, zu gehorchen.

Unrat fressen abstellen mit positiven Methoden

Möchten wir rein positiv arbeiten, besteht das Training aus drei Schritten:

- **Konditionieren eines positiven Abbruchsignals, das unseren Hund veranlasst, sich zu uns zu wenden und vom Zielobjekt abzuwenden**
- **Konsequentes Training und Belohnen des gewünschten Alternativverhaltens**
- **Verallgemeinern und festigen**

Als positives Abbruchsignal eignet sich jedes Wort, das wir nicht ständig im allgemeinen Sprachgebrauch nutzen und das wir mit einem entsprechenden Verhalten verknüpfen möchten. Zudem sollten wir es in einem positiven Tonfall aussprechen können, beispielsweise „Hey" oder „Achtung".

Warum ein positives Abbruchsignal?

In dieser Situation ist ein positives Abbruchsignal sinnvoll, weil es dann gleichzeitig als Verstärker funktioniert. Das heißt, der Hund findet irgendwo etwas Fressbares und zeigt dann irgendwann auch ohne das Abbruchsignal das Verhalten, was wir zuvor durch das Abbruchsignal abgefragt haben. Er hat nämlich eine Verhaltenskette gelernt: Es riecht gut > ich wende mich ab und gucke zu meinem Menschen > ich bekomme eine Belohnung. Dadurch ist das positive Abbruchsignal nicht mehr erforderlich, der Hund nimmt es vorweg und zeigt das gewünschte Verhalten.

Ein Hund, der alles frisst, was er findet, läuft schnell Gefahr, auch einen Giftköder zu erwischen.

Schritt 1: *Wir sprechen den nicht sonderlich abgelenkten Hund mit dem Kommando an, das wir als Abbruchsignal ausgewählt haben und belohnen ihn hochwertig mit einem sehr hochwertigen Leckerchen, wenn er den Kopf zu uns wendet. Dies wird regelmäßig und häufig wiederholt, bis der Hund sich auch bei Ablenkung, bspw. wenn er schnuppert, mit dem Kommando aus der Situation holen lässt.*

Schritt 2: *Um den Tausch Futter am Boden gegen Leckerchen vom Hundeführer zu trainieren, legen wir einfache, nicht ganz so beliebte Leckerchen auf den Boden. Will der Hund diese fressen, brechen wir das mit unserem Abbruchsignal ab und belohnen wieder hochwertig bei uns.*

Schritt 3: *Nun trainieren wir dies auch an vielen anderen Dingen, die uns unterwegs begegnen können, Hundekot, Brötchen, Brot etc. Immer wenn wir mit dem Hund an diesen Dingen vorbei kommen, brechen wir das Schnüffeln und Fressen möglichst frühzeitig mit unserem Abbruchsignal ab und belohnen hochwertig.*

Training in sicherer Umgebung

Es macht natürlich Sinn, dies zunächst in einer Umgebung zu üben, wo wir wissen, wo welche „Verführungen" liegen, damit der Hund nicht versehentlich doch zum Erfolg kommt.

Wenn was nicht klappt

Die häufigste Fehlerquelle liegt hier in einer zu geringen Wiederholungsrate. Es muss bei unserem Hund in Fleisch und Blut übergehen, dass er sich beim Abbruchkommando zu uns wendet und dass er dies möglichst immer und automatisch auch ohne Abbruchkommando macht, wenn er etwas findet, das zu fressen wäre.
Klappt das auch mit vielen Trainingseinheiten nicht, dann vermutlich deshalb, weil die Belohnung nicht hochwertig genug ist. Es muss ein Jackpot sein.

Jeder Fehlversuch, also wenn unser Hund auf das Abbruchsignal nicht reagiert und das Gefundene frisst, macht das bisherige Training zunichte, denn der Hund hat jedes Mal Erfolg mit seinem Ungehorsam. Wir müssen also unter allen Umständen dafür sorgen, dass unser Hund die Dinge vom Boden nicht frisst, Notfalls mit Maulkorb und Leine oder bei manchen Hunden reicht vielleicht auch nur eine Leine.
Klappt es auf positive Art und Weise und trotz regelmäßigem Training nicht, wäre auch eine alternative Vorgehensweise denkbar.

Mit Grenzen setzen gegen Unrat fressen

Alternativ geht das Ganze mit Lob und Tadel, denn wir sagen unserem Hund so ganz klar, „da gehst du nicht ran" und wenn er diese Grenze einhält, wird er dafür hochwertig belohnt. Auf diese Weise sind wir nicht darauf angewiesen, dass das Tauschgeschäft aus Sicht des Hundes funktioniert, denn wir setzen eine klare Grenze und der Hund wird nur für das Einhalten der Grenze belohnt. Tatsächlich könnte die Belohnung auch wegfallen, sofern unser Hund geneigt ist, generell Grenzen zu beachten. In maximal zwei Schritten ist das erledigt:

- **Mit Körpersprache und verbalem Signal verbieten wir dem Hund, etwas Fressbares vom Boden zu nehmen und belohnen dies hochwertig. Dabei kann direkt mit verschiedenen Objekten auf dem Boden trainiert werden.**
- **Wir reduzieren das Verbot auf das verbale Signal, so dass wir es auch aus einer gewissen Distanz geben können, ohne unmittelbar beim Hund zu sein. Als verbales Signal eignet sich auch ein einfacher Laut „ÄhÄh" oder ein Zischen „Schttt"**

Vorsicht bei Hunden, die Ressourcen verteidigen

Die folgende Anleitung sollte nur mit Vorsicht (vielleicht mit Maulkorb) bei Hunden angewendet werden, die dazu neigen, Ressourcen zu verteidigen, denn gerade am Anfang des Trainings muss der Hund erst lernen, dass er für den Verzicht ja etwas bekommt. Es könnte bei solchen Hunden also passieren, dass er im Training in Hand oder Arm schnappt.

Im ersten Schritt legen wir ein weniger hochwertiges Leckerchen auf den Boden. Will der Hund daran, zeigen wir ihm deutlich mit Körpersprache und begleitend mit einem verbalen Signal, dass er Abstand halten soll. Folgt er, bekommt er von uns ein hochwertiges Leckerchen.

Wichtig sind vor allem die ersten Trainingseinheiten!

Die ersten Trainingseinheiten sind entscheidend. Je schneller, präziser und eindrucksvoller wir unserem Hund klar machen, dass er da nicht ran darf, desto besser prägt es sich bei unserem Vierbeiner ein. Also statt einem zaghaften „stoooopp" durchaus ein scharfes STOPP!!!! und eine deutliche Körpersprache zeigen. Unser Signal wird damit zu einem negativ besetzten Abbruchsignal, das sich auch als solches bei unserem Hund einprägt und im besten Fall ein Meideverhalten auslöst. Den negativen Eindruck schwächen wir im Anschluss durch die hochwertige Belohnung ab. Schon in den ersten Trainingseinheiten macht es Sinn, gleich mit vielen verschiedenen Objekten der Begierde zu arbeiten, also nicht nur mit Leckerchen, sondern auch mal Käsebroten oder Würstchen.

Diesen ersten Schritt müssen wir entsprechend häufig wiederholen, am besten eben nicht auf dem Spaziergang, wo wir keine Kontrolle darüber haben, wo der Hund was findet, sondern gezielt in Trainingseinheiten.

Später nutzen wir nur noch das verbale Signal und unser Vierbeiner sollte daraufhin Abstand nehmen. Meist reichen dazu wenige Trainingseinheiten aus und unser Hund überträgt diese Grenze auch schnell auf vieles andere, was er am Wegrand findet. Eine hochwertige Belohnung macht weiterhin Sinn.

Wenn was nicht klappt

Akzeptiert unser Hund die gesetzte Grenze gar nicht, stellt sich die Frage, ob er das nur in dieser Situation nicht tut, weil das Fressen auf dem Boden zu hochwertig und wichtig ist. Wenn er Grenzen auch in anderen Situationen nicht akzeptiert, ist es wichtig, an der Bindung sowie auch an der Rangfolge im Haushalt zu arbeiten. Akzeptiert unser Hund die Grenze prinzipiell, nur bei bestimmten Objekten auf dem Boden nicht, dann müssen wir darüber nachdenken, ob es sich um ein quasi zwanghaftes Verhalten des Hundes handelt, ob das, was er da fressen möchte, ein gewisses Suchtpotential hat. Es hilft dann nur, zum einen

zu verhindern, dass unser Hund Erfolg hat, bspw. durch einen Maulkorb, mit dem er nicht fressen kann und weiter zu trainieren. Wir müssen unbedingt die Grenze verbal und auch per Körpersprache eindeutig und konsequent setzen und verteidigen. Es ist nicht erfolgsfördernd, wenn es immer wieder Situationen gibt, in denen unser Vierbeiner Erfolg hat, weil er ein Objekt eher findet. Wir müssen also mit offenen Augen durch die Gegend gehen, um solche Objekte rechtzeitig zu erkennen.
Hält der Hund erstmal Abstand und stürzt sich dann auf das Objekt seiner Begierde, wenn wir ihm den Rücken zu drehen, weil wir im Weitergehen begriffen sind, sollte unser Augenmerk unbedingt darauf liegen, unseren Hund abzulenken und mitzunehmen und langfristig an der Impulskontrolle und der Frustrationstoleranz zu arbeiten.

Betteln am Tisch

Betteln lässt sich recht einfach auf rein positivem Weg mit Alternativverhalten korrigieren. Im optimalen Fall bettelt unser Hund gar nicht erst, weil er lernt, dass es am Tisch nichts zu fressen gibt. Ein Hund, der einmal bettelt, ist aber in der Regel ganz schnell wieder auf Spur zu bringen. Voraussetzung ist, der Hund kennt ein Kommando, um auf seinen Platz oder in sein Körbchen zu gehen.

Vielleicht finden wir selbst es noch niedlich, wenn unser Hund uns am Tisch fast das Essen vom Tisch guckt, spätestens Besucher wird er vermutlich nerven, vor allem, wenn wir einen Hund haben, der noch dazu Sabber ohne Ende produziert.

Bettelt unser Hund am Tisch, schicken wir ihn konsequent auf seinen Platz. Wichtig ist, dass wir das Kommando auch durchsetzen und er auf seinem Platz liegen bleibt. Haben wir das eine Weile konsequent gemacht, werden die meisten Hund von alleine ihren Platz aufsuchen, sobald wir uns an den Tisch zum Essen setzen.

Wenn was nicht klappt

Bleibt unser Hund nicht liegen, und kommt immer wieder zum Tisch, hilft da nur konsequentes Wegschicken. Normalerweise lernen Hunde das sehr schnell, außer es gibt jemanden in der Familie, der das mit der Konsequenz nicht so ernst nimmt. Konsequenz heißt, der Hund geht „immer" auf seinen Platz, wenn gegessen wird. Es gibt keine Ausnahmen, auch nicht „ach heute hat er Geburtstag, heute darf er …" oder „Es ist Weihnachten, da kann man doch mal eine Ausnahme machen …".
Und es gibt natürlich nicht nur keine Ausnahmen, was den Liegeplatz angeht, es gibt auch nichts mehr vom Tisch. Wenn wirklich was übrigbleibt, was der Hund bekommen soll, dann geht der Teller in die Küche, das Essen kommt in die Hundeschüssel und wir bringen es zum Hund an den Platz, an dem er auch sein Futter bekommt. Niemals, wirklich niemals, bekommt unser Hund das Essen direkt vom Tisch!

Fahrradfahrer, Jogger und Katzen jagen

Viele Hunde jagen, denn der Jagdtrieb ist einer der ursprünglichsten Triebe beim Hund, der immerhin ein Raubtier ist. Natürlich wurde der Jagdtrieb bei verschiedenen Rassen durch Zucht eingeschränkt oder umgeleitet, bspw. bei den Hüte- und Treibhunden wurde das Endziel der Jagd, das Töten des Opfers, weggezüchtet. Hier endet der Jagdtrieb beim Treiben der „Beute". Bei Vorstehhunden wie dem Weimaraner oder dem Pointer wurde ebenfalls das Endziel weggezüchtet. Hier endet der Jagdtrieb mit dem Aufstöbern und Anzeigen von Wild.
Bei Windhunden steht das Hetzen im Vordergrund und beim Terrier und Dackel die Baujagd die auch das Töten des Opfers

einschließt.
Gerade bei Hunderassen, wo das Hinterherhetzen Teil des verbliebenen Jagdtriebes ist, kann es zum Problem werden, wenn dem Hund Jogger oder andere Verkehrsteilnehmer begegnen oder Katzen und Eichhörnchen vor unserem Hund weglaufen. Das Problem ist hier die fehlende Impulskontrolle, durch die der Hund die Jagd beginnt. Einmal im Jagdmodus ist es schwer, den Hund dann noch zu stoppen. Häufig sind aber vor allem die Rassen mit einem schlecht kontrollierbaren Jagdtrieb ausgestattet, denen man das gar nicht zutraut, wie den Gebrauchshunderassen, allen voran die vielen Schäferhunde (Deutscher, Belgischer, Holländischer ...).

Jagen ist selbstbelohnend

Jagen ist ein selbstbelohnendes Verhalten, auch dann, wenn der Hund keine „Beute" macht. Alleine das Hinterherhetzen schüttet Glückshormone aus. Das ist ein Problem, denn jedes Mal, wenn der Hund jagen kann, motiviert ihn das für die nächste Jagd. Das kann sich bis zu einem Suchtverhalten steigern. Aus diesem Grund ist es wichtig, dass wir mit dem Training früh anfangen, möglichst von klein auf, spätestens, wenn es sich zeigt, dass unser Hund schnellen Objekten hinterherjagen möchte. Natürlich ist es zunächst niedlich, wenn unser Welpe schon mit 12 Wochen versucht, ein Fahrrad zu jagen, aber es ist ein deutliches Zeichen, dass hier zwingend Training notwendig ist, das nicht auf die lange Bank geschoben werden sollte.

Jm diese Form des Jagdverhaltens in Bah- ıen zu lenken, mit denen wir im Alltag um- ;ehen können, macht es Sinn, das Ganze on zwei Seiten anzugehen.
:inerseits muss die Impulskontrolle trai- ıiert werden, also die Fähigkeit unseres Hundes, Reizen zu widerstehen, verbessert werden.
Auf der anderen Seite sollte ein Alternativverhalten etabliert werden. Das kann, wenn es gerade darum geht, dass auf dem Spaziergang keine Fahrradfahrer attackiert werden, bspw. das Gehen an lockerer Leine oder auch eine gute Fußposition mit aufmerksam guckendem Hund sein.
Beides können wir problemlos parallel trainieren, immer dann, wenn es gerade passt.

Achtung: Hier ist Leine Pflicht!

Hunde, die zumindest versuchen, Radfahrer, Jogger etc. zu jagen, müssen zwingend an die Leine, zum anderen, um andere Verkehrsteilnehmer zu schützen und um zu verhindern, dass unser Hund Erfolg hat. Für das Training der Impulskontrolle ist eine Leine zumindest für den Anfang zu empfehlen.

AdobeStock: gemphotography

Impulskontrolle verbessern

Im ersten Schritt zeigen wir unserem Hund das Objekt der Begierde und belohnen ihn hochwertig dafür, dass er seine angewiesene Position (Sitz oder Platz) beibehält und den Ball nicht klaut!

Vor dem Hund lassen wir jetzt den Ball auf den Boden fallen und hochhüpfen.

Unser Hund soll weiterhin seine Position halten. Dabei kann durchaus unsere Körperhaltung oder ein deutliches Handzeichen genutzt werden. Sollte das nicht gelingen, macht es Sinn, wenn wir uns eine Hilfsperson suchen, die den Hund an der Leine hindert, sich den Ball zu holen. Gleichzeitig können wir dann auch etwas mehr Abstand zum Hund halten.

Abstand reduziert den Reiz!

Impulskontrolle ist geistig sehr anstrengend für den Hund und wird einfacher, je weiter das Objekt der Begierde entfernt ist. Die Hoffnung, sich den Ball klauen zu können, ist eben viel größer, wenn unser Hund nah dran ist. Daher können wir ihm das Ganze einfacher machen, indem wir einen größeren Abstand wählen.

Klappt das mit dem hüpfenden Ball, können wir den Ball vorne am Hund langsam vorbei rollen und später auch seitlich vom Hund. Erst, wenn beides bei niedriger Rollgeschwindigkeit klappt und unser Vierbeiner ruhig liegen bleibt, beginnen wir damit, den Ball mit höherer Geschwindigkeit am Hund vorbei zu rollen oder schießen oder auch zwischen zwei Personen hin- und her zu schmeißen. Hält unser Hund das aus, wird er wieder hochwertig belohnt!

Hochwertige Belohnung, aber wie?

Ein Hund, der am liebsten den Ball jagen würde, und sich beherrscht und zurücknimmt, ist in der Regel nicht mit einem Leckerchen zufrieden. Er verzichtet auf Action und sollte mit Action belohnt werden. Sinnvoll sind in diesem Fall Zergelspiele oder ein Ball oder anderes Spielzeug, das fliegt und das unser Hund holen darf. Wichtig ist dabei, dass vor dem Werfen des Belohnungsspielzeugs ein Auflösekommando gegeben wird. Im besten Fall sollte das Belohnungsspielzeug für den Hund hochwertiger sein als der Ball, den wir für das Training nutzen. Ist es das nicht, sollten wir unbedingt vermeiden, dass er sich statt des Belohnungsspielzeugs doch den anderen Ball holt.

Als Belohnung kann bspw. jedes gleichwertige oder höherwertige Spielzeug dienen, mit dem der Hund dann spielen oder rennen darf, wenn er sich beherrscht hat.

Wenn was nicht klappt

Klappt das mit der Impulskontrolle nicht und versucht unser Hund, immer wieder an den Ball zu kommen und hechtet hinterher, muss der Reiz weiter reduziert werden. Das kann der Abstand zum Hund sein, oder auch ein weniger interessantes Spielzeug als der Ball. Eins, das zunächst nur auf dem Boden liegt.

Ein Spielzeug, das beim Werfen nicht rollt oder hüpft, hat für viele Hunde einen geringeren Reiz und macht es dem Hund daher einfacher, sich zu beherrschen.

Ungünstig ist auch, wenn wir den Hund nach einem Auflösekommando mit dem Objekt der Begierde belohnen, er sich also dann den Ball holen darf. Das macht es für

unseren Hund sehr schwer, sich bei nächsten Mal zu beherrschen. Einfacher ist es, wenn er auf Dauer lernt: Dieser Ball ist tabu.
Wenn das mit der Impulskontrolle am Anfang der Trainingseinheit gut klappt und später immer schlechter wird, sind die Trainingseinheiten zu lang. Impulskontrolle ist geistig sehr anstrengend für unsere Hunde. Daher sollten die Trainingseinheiten gerade bei jungen Hunden sehr sehr kurz sein. Lieber mehrere kurze Einheiten über den Tag verteilt als eine zu lange.

Alternativverhalten etablieren

Für das Alternativverhalten ist es wichtig, den Reiz, bspw. Jogger oder Fahrradfahrer auch wirklich so gering zu halten, dass unser Hund noch kontrollierbar und für Kommandos offen ist. Wenn er sehr heftig auf diese Reize reagiert, macht es Sinn, erst mal einen sehr großen Abstand einzunehmen und herauszufinden, wie groß der Abstand sein muss, in dem der Hund den Reiz zwar wahrnimmt, aber noch nicht ausflippt. Als Alternativverhalten soll der Hund hier lernen, seinen Hundeführer anzusehen, wenn ein Jogger oder Fahrradfahrer vorbeifährt.

„Guck"-Kommando von Vorteil

Kennt der Hund schon ein „Guck" oder „Schau"-Kommando, mit dem er Blickkontakt herstellt, ist das von Vorteil. Wenn nicht, kann als Kommando auch einfach der Hundename genutzt werden. In der Regel reagieren die meisten Hunde ja recht schnell auf ihren Namen.

Im ersten Schritt sollte der Hund beim Laufen an der Leine mit dem „Guck"-Kommando oder seinem Namen angesprochen werden, damit er zu uns hinübersieht. Er wird dann hochwertig bestätigt, bspw. mit einem super tollen Leckerchen oder einem kleinen Zergel-Spiel mit einem Spielzeug. Dies kann ruhig mehrfach auf einem Spaziergang wiederholt werden, möglichst dann, wenn wenig Ablenkung da ist.

Nun kommt die erste Ablenkung ins Spiel. Wir stellen sicher, dass wir ausreichend Abstand zum Jogger oder Fahrradfahrer haben und sprechen unseren Hund rechtzeitig an, damit er den Blick zu uns wendet und belohnen ihn entsprechend hochwertig. Klappt das gut und regelmäßig und unser Hund beherrscht sich, dann sollte der Abstand zu Jogger und Co. allmählich reduziert werden.

Den richtigen Moment finden

Möchten wir nur in der entsprechenden Situation unseren Hund beherrschen und eine Attacke auf Jogger und Co. verhindern, sollten wir ihn so früh wie möglich ansprechen, im besten Fall, bevor er den Jogger sieht. Allerdings ist der Lerneffekt dann auf Dauer nicht da. Besser ist eine Ansprache, wenn der Hund den Jogger gesehen hat, aber bevor er sich wirklich aufregt. So kann unser Vierbeiner lernen, „ich sehe einen Jogger/Fahrradfahrer etc., wenn ich jetzt meinen Menschen ansehe, gibt es Leckerchen". Mit entsprechendem regelmäßigem Training wird es für den Hund zum Automatismus: Jogger > Blickkontakt suchen > Belohnung kassieren. Und das Hinterherspringen und Jagen von Joggern und Co. ist erledigt.

Wenn unser Hund bereits bei der Impulskontrolle gelernt hat, Grenzen zu akzeptieren und sich zu beherrschen, kann die gleiche Körpersprache auch in Situationen mit Joggern und Radfahrern genutzt werden, um ihm klar zu machen, wo die Grenze ist.

AdobeStock: yihchang,Soloviova Liudmyla,Ekaterina Kolomeets, michaelheim

Wenn was nicht klappt

Regt der Hund sich zu sehr auf, um den Blickkontakt aufzunehmen, sollte der Abstand zum Jogger oder Fahrradfahrer erhöht werden. Dann sind in dem Moment die Reize noch zu groß. Sollte bspw. durch einen schmalen Weg der Abstand nicht möglich sein, macht es oft Sinn, sich selbst zwischen Jogger und Hund zu platzieren und den Vierbeiner in „Sitz"- oder „Platz"-Position zu bringen. Eine Aufgabe, die er erfüllen muss und der versperrte Blick auf den Jogger helfen in der Regel bei der Impulskontrolle.

Grundsätzlich sollte parallel dazu immer wieder auch die Impulskontrolle trainiert werden.

Klauen vom Tisch

Genau wie Jagen ist auch Fressen und damit auch Lebensmittel vom Tisch klauen ein selbstbelohnendes Verhalten. Während beim Jagen Alternativverhalten, die hochwertig belohnt werden, funktionieren können, vor allem weil hier das Training nur an der Leine Sinn macht und wir daher auch immer zugegen sind und einschreiten können, geht das beim Klauen vom Tisch nicht. Das Problem ist hier ganz einfach zu vielfältig:

- **Es ist schwierig, den Hund für etwas zu belohnen, das er nicht tut, ohne ein Alternativverhalten zu belohnen.**
- **Es gibt kein sinnvolles Alternativverhalten für das Klauen vom Tisch, schon gar keines, das der Hund irgendwann automatisch zeigt.**
- **Sind wir nicht anwesend, hat unser Hund auch keinen, der das Alternativverhalten einfordert und belohnt, wird er sich bedienen.**

Ähnlich wie Jagdverhalten befriedigt Fressen ein primäres Bedürfnis, das dem Lebenserhalt dient. Ein Hund, der Hunger hat, wird alles daran setzen, satt zu werden. Je größer der Hunger, desto höher seine Motivation zu klauen. Man könnte jetzt sagen, okay, dann ist die Lösung ganz einfach. Solange mein Hund immer Futter in der Schüssel stehen hat, klaut er nicht.
Das ist sicherlich eine Maßnahme. Allerdings eine, die nur dann funktioniert, wenn es nicht mehrere Hunde im Haushalt gibt, die sich dann um das Futter streiten oder Katzen sich am Futter bedienen. Aber selbst wenn das alles nicht da ist und es nur diesen einen Hund gibt, wird das bei vielen Hunden dazu führen, dass der Hund übergewichtig wird, denn viele Hunde fressen dann eben mehr, als ihnen gut tut. Klar ist aber auch, ein Hund, der 10 kg zu viel auf den Rippen hat, kommt kaum noch auf den Tisch, um zu klauen.

Aber das kann natürlich nicht das Ziel sein, denn genau wie bei uns Menschen tut auch unseren Hunden Übergewicht nicht gut. Also vergessen wir diese Idee am besten gleich.

Wie können wir aber einem Hund das Klauen vom Tisch abgewöhnen? Für alle Verfechter der rein positiven Hundeerziehung hier eine schlechte Nachricht, nur positiv geht es nicht. Hier müssen echte Grenzen gesetzt werden und zwar nachhaltig, sodass sie Eindruck beim Hund hinterlassen.

Häufig empfohlene Methoden

Wer sich im Internet umsieht oder Freunde und Bekannte fragt, wird ausschließlich Vorschläge bekommen, die funktionieren könnten, die auf aversiven Methoden beruhen, wie:

- Lock-Lebensmittel hinstellen, die extrem bitter, scharf oder sauer sind, sodass der Hund beim Klauen die Erfahrung macht: „lohnt sich nicht". Hier handelt es sich um eine positive Strafe, wenn die Geschmacksrichtung ausreichend negativ für den Hund ist, dass sie wirkt.
- Die Lock-Lebensmittel mit Dingen umgeben, die herunterfallen und knallen oder lautstark zerbrechen, wenn der Hund auf den Tisch springt, damit er sich erschreckt. Hierbei handelt es sich auch um eine positive Strafe mittels Schreckreiz.
- Den Hund vermeintlich mit Lock-Lebensmitteln alleine lassen und ihn bspw. mit Wasserpistole nass spritzen oder verbal maßregeln, wenn er klaut. Auch das ist eine positive Strafe.

Diese Methoden haben alle das Potential, zu funktionieren, vor allem, weil sie bis auf die Dritte auch dann funktionieren, wenn wir nicht zugegen sind. Der Hund lernt damit also, es macht keinen Unterschied, ob seine Menschen im Raum sind oder nicht. Klauen hat unmittelbar eine Strafe zur Folge. Allerdings funktionieren alle diese Methoden nur, wenn die Strafe für den Hund schlimmer ist, als die Motivation, sich etwas Fressbares zu beschaffen und das wiederum hängt ganz entscheidend vom Hungerempfinden und der Nervenstärke des Hundes ab.

Wann haben Hunde ständiges Hungerempfinden?

- Das Sättigungsgefühl ist weggezüchtet, wie bei vielen Retrievern, denn ständiger Hunger motiviert zur Mitarbeit.
- Der Hund nimmt Medikamente, die ein Hungergefühl auslösen, auch wenn der Hund gerade gefressen hat. Das trifft auf viele Anti-Epileptika zu. Sie erzeugen regelrecht Heißhungerattacken.
- Der Hund hat in der Vergangenheit tatsächlich unter Hunger gelitten und versucht nun, immer Fressbares zu fressen, für den Fall, dass irgendwann nichts da ist.

Foto: Spona

Beispiel

Beispiel aus der Praxis

Meine eigene Hündin hat Epilepsie. Sie hat früher nie geklaut. Der offene Sack Hundefutter konnte in der Küche stehen, ohne dass sie da dran ging. Mit Beginn der medikamentösen Behandlung hat sich das schlagartig geändert. Alles was zu fressen war, wurde gefressen. Sie hat das Essen von Tischen und Küchenschränken geklaut, sie hat jede Jackentasche ausgeräumt, wo noch Reste von Trainingsleckerchen drin waren und dabei auch die Jackentasche, also den Stoff, mitgefressen. Sie hat faule Birnen unterm Birnenbaum gefressen und sogar Mülleimer nach Fressbarem durchsucht. Mit jeder Dosiserhöhung wurde es schlimmer. Jegliche Erziehungsmaßnahmen haben versagt. Da half nur, alles Fressbare außer Reichweite zu stellen. Mit Wechsel des Medikaments, weil das alte wegen Corona nicht lieferbar war, war der Spuk genauso schnell zu Ende. Jetzt klaut sie nicht mehr, auch wenn bestimmte Verhaltensweisen wie das Kontrollieren von Jackentaschen geblieben sind. Daran ließe sich jetzt erziehungstechnisch sicher etwas ändern, in ihrem fortgeschrittenen Alter lebe ich jetzt aber damit.

Grundsätzlich gilt, wer auf jegliche Form von Strafe, auch schon auf Tadel verzichten möchte, muss damit leben, wenn der eigene Hund klaut. Da hilft dann nur, Lebensmittel außer Reichweite zu stellen.
Wer seinem Hund das Klauen vom Tisch abgewöhnen möchte, benötigt zumindest einen verbalen Tadel, in manchen Fällen

kombiniert mit einem Schreckreiz. Die Basis dafür ist, unserem Hund klar zu machen, dass der Tisch und alles, was da draufsteht, tabu ist. Es gibt Hunde, wo es allerdings nicht ausreicht, diese Grenze immer wieder zu setzen. Bei diesen Hunden macht ein Schreckreiz durchaus Sinn, sollte allerdings nicht regelmäßig, sondern im besten Fall nur beim ersten Mal eingesetzt werden.

Zu Trainingszwecken legen wir etwas Fressbares auf den Tisch, relativ nah an die Kante. Jedes Mal, wenn unser Hund die Nase an die Tischkante legt oder sogar am Tisch hochspringt, schicken wir ihn energisch und deutlich mit einem verbalen Tadel und einer eindeutigen Körpersprache zurück.

Hält der Hund einen gewissen Abstand zur Tischkante ein, folgt Schritt zwei des Trainings. Wir verlassen den Raum, wenn es geht, über eine Tür und kommen möglichst leise und unbemerkt wieder so rein, oder positionieren uns so, dass wir den Hund gut beobachten können. Sollte er sich wieder dem Tisch nähern, schreiten wir möglichst eindrucksvoll und bei Bedarf auch lautstark ein. So lernt unser Hund, er wird auch beobachtet, wenn wir uns nicht im Raum befinden.

Überwachungskamera oder Wildkamera kann helfen

Wer eine Überwachungskamera oder Wildkamera zur Verfügung hat, die Live-Bilder auf einem Smartphone zur Verfügung stellt, kann die hervorragend nutzen, um den Hund zu beobachten, während er sich für den Hund unsichtbar in einem anderen Raum aufhält.

Wenn was nicht klappt

Wenn unser Hund auf Anweisung nur kurz Abstand zum Tisch nimmt, dann aber wiederkommt, ist es hilfreich, ihn nicht nur wegzuschicken, sondern ihm auch ein „Sitz"- oder „Platz"-Kommando zu geben. Dann hat unser Hund eine konkrete Hand-

lungsanweisung. Das könnte man als Alternativverhalten ansehen, ist aber kein echtes, da es keinen Auslöser gibt, mit dem wir das Alternativverhalten verknüpfen könnten. Alleine die Anwesenheit von Dingen auf dem Tisch darf ja nicht dazu führen, dass der Hund sich jetzt stundenlang auf einer Stelle aufhalten muss.

Auch ein verbales Lob ist durchaus hilfreich, um dem Hund klar zu machen, dass Abstand halten gewünscht und richtig ist. Es erhöht einfach die Motivation des Hundes, diesen Abstand auch einzuhalten. Hunde mit extremem Hungergefühl haben eine hohe Motivation, in unserer Abwesenheit zu klauen. Da würden nur drastische Strafen helfen. Lässt der Hund das Klauen nicht, zumindest nicht, wenn wir den Raum verlassen und kommen Strafreize nicht in Frage, hilft eigentlich nur, konsequent weiter zu trainieren, Grenzen setzen und bei Abwesenheit Lebensmittel außer Reichweite des Hundes aufzubewahren. Irgendwann akzeptiert unser Hund die gesetzte Grenze vielleicht doch. Wenn nicht, gibt es dafür leider keine Lösung, die ohne Strafe auskommt.

Was wir in diesem Kapitel gelernt haben

- Es gibt unerwünschte Verhaltensweisen unseres Vierbeiners, die sich gut mit dem **Training von Alternativverhalten** abschalten lassen.
- Andere unerwünschte Verhaltensweisen lassen sich nur mit **echten Grenzen** beheben, die wir konsequent gegen unseren Hund verteidigen müssen, bis sie von diesem akzeptiert und eingehalten werden.
- Klauen und Jagen sind **selbstbelohnende Verhaltensweisen.**
- Um Grenzen zu setzen, sind ein **verbaler Tadel** und eine **körpersprachliche Begrenzung** unseres Hundes sinnvoll.

Der Schlüssel zur Zufriedenheit

- Warum wir jetzt weiter trainieren sollten

Hunde, die grundlegende Kommandos beherrschen und die sich in aller Regel angemessen verhalten, sind schon mal eine gute Basis. Was wir unseren Hunden aber mit Mühe beibringen, verlernen sie auch wieder, wenn wir dies nicht regelmäßig auffrischen und einfordern.

Nehmen wir zum Beispiel das Kommando „Sitz". Werden wir nachlässiger und verlassen uns auf unseren Vierbeiner, dann wird er irgendwann das Kommando verlernt haben. Da bringt es auch nichts, wenn wir immer öfter das „Sitz" sagen und wiederholen, wenn der Hund noch steht, wenn er sich hinlegt etc. und wir ein korrektes „Sitz" nicht einfordern.
Wir müssen auch einfache Kommandos immer wieder nutzen, durchsetzen und belohnen. Werden sie befolgt, bleiben die Anfangserfolge auf Dauer erhalten.
Unser Hund möchte nicht nur körperlich, sondern auch geistig beschäftigt werden und das geht natürlich mit neuen Kommandos, kleinen Tricks oder anderen Gehorsamsübungen sehr gut. Unser Hund ist beschäftigt und wir haben einen immer gehorsameren, braveren und liebenswerteren Vierbeiner an unserer Seite.

AdobeStock: lelechka

Übungen für den Alltag

Es gibt zahlreiche Übungen im Alltag, die über den Grundgehorsam hinaus gehen, aber dennoch wichtig und nützlich sind. Die meisten von ihnen haben etwas mit Impulskontrolle zu tun. Mehr dazu gibt es etwas weiter unten im Abschnitt „Impulskontrolle und Frustrationstoleranz". Gerade das Liegenbleiben und Warten ist eine Übung, die sich leicht trainieren lässt und gleichzeitig häufig gebraucht wird.

Geduldiges Warten

Jeder kennt sicherlich Situationen, in denen man seinen Hund gerne kurz ablegen würde, weil man Wichtiges vergessen hat oder weil man sich vielleicht mit jemandem unterhalten möchte. Dieser hat eventuell Angst vor Hunden oder selber einen Hund und diese vertragen sich nicht.

„Sitz"- oder „Platz"-Position
Basis des Wartens ist ein zuverlässiges „Sitz" oder „Platz". Ich würde immer das „Platz" bevorzugen, es ist für unseren Hund weniger anstrengend und die meisten Hunde stehen aus dem Liegen nicht so schnell auf, wie aus dem Sitzen. Auch älteren Hunden fällt Liegen oft leichter.

Im ersten Schritt legen wir unseren Hund ins Platz (alternativ ins Sitz), wahlweise mit Hörzeichen, Sichtzeichen, Körperhilfe. Darauf kommt es nicht an. Wichtig ist, dass unser Hund die gewünschte Position einnimmt.

Ist die Position noch nicht ganz sicher, darf jetzt gerne auch eine Belohnung folgen. Bei der Platz-Position macht es Sinn, die Belohnung auf den Boden zwischen die Pfoten des Hundes fallen zu lassen.

Bleibt der Hund liegen, entfernen wir uns immer weiter von ihm und bestätigen ihn für das Liegenbleiben. Wichtig ist dabei darauf zu bestehen, dass er liegen bleibt, bis wir ihm die Belohnung geben oder bis ein Auflösekommando erfolgt und nicht versehentlich das Aufstehen zu belohnen, weil der Hund in Erwartung des Leckerchens vorzeitig aufsteht, um dem Leckerchen entgegen zu kommen.

Bleibt unser Hund auf Distanz gut liegen, dann gehen wir in kleinen und später im größer werdenden Bögen um ihn und belohnen ihn, wenn er liegen bleibt, bis wir wieder vor oder neben ihm stehen.

Und irgendwann kommt der Punkt, wo wir das Sichtfeld des Hundes verlassen und uns anfangs sehr kurz, später auch mal 30, 40 oder 60 Sekunden oder mehrere Minuten aus dem Sichtfeld bewegen.

Wenn was nicht klappt

Klappt das Warten nicht, liegt es oft daran, dass wir die ersten Schritte nicht ausreichend geübt haben, also das Ablegen und die Position halten. So kann der Vierbeiner gar nicht verstehen, dass er liegen soll, bis wir ihm das Aufstehen erlauben.

In diesem Fall müssen wir noch einmal zum Anfang zurückgehen, uns vor den Hund stellen, ihn ablegen und aufrecht stehend (nicht zum Hund heruntergebeugt) im Liegen belohnen. Das Aufstehen muss mit entsprechender Körpersprache und Kommandos verhindert werden. Das richtige Timing ist wichtig! Erfolgt die Belohnung vielleicht genau dann, wenn unser Hund bereits die angewiesene Position selbstständig verlassen hat? Dann muss das Timing optimiert werden und auch an der Impulskontrolle gearbeitet werden. Dazu folgt später noch ein separater Abschnitt.

Eventuell hat unser Hund aber auch in dieser oder anderen Situationen gelernt, dass er bei Abwesenheit seines Menschen tun und lassen kann, was er möchte. In diesem Fall sollte bspw. ein Spiegel, eine Videoübertragung oder eine Hilfsperson genutzt werden, um den Hund auch dann, wenn wir außer Sicht sind, zu bestätigen. Und wenn er vorzeitig aufsteht, zu korrigieren.

Warten im Kofferraum/in der Hundebox

Wer mit seinem Hund Auto fährt, kennt es bestimmt. Man fährt zum Parkplatz, wo die Lieblings-Gassistrecke beginnt und die Fellnase weiß schon einige Straßen vorher, wo es hingeht. Sie freut sich und kann es dann gar nicht erwarten, endlich auszusteigen. Das ist allerdings sehr gefährlich. Unser Vierbeiner könnte auf die Straße laufen, vor ein anderes Auto oder einen Fahrradfahrer. Wichtig: Unser Hund muss lernen, so lange im Kofferraum oder der Hundebox zu warten, bis wir ihm das Aussteigen gestatten, bspw. nach dem Anleinen.

Im ersten Schritt setzen oder legen wir unseren Hund in die Box oder in den Kofferraum, mit oder ohne Leine, darauf kommt es nicht an. Wenn wir dazu einen Ort wählen, wo der Drang des Hundes, auszusteigen, nicht zu groß ist, bspw. wenn wir vom Spaziergang zurück nach Hause kommen, fällt es unserem Hund leichter, dort zu bleiben. Dazu können wir unserem Hund auch mit entsprechender Geste klar machen, dass er bleiben soll.

Bleibt unser Hund brav sitzen, belohnen wir ihn im Kofferraum mit hochwertigen Leckerchen. Spielzeug wäre hier kontraproduktiv, da unser Hund ja, um richtig Spaß damit zu haben, aussteigen und sich bewegen müsste.

Irgendwann sollte unser Hund auch ohne Kommando, Handzeichen oder Körpersprache brav sitzen bleiben. Klappt das gut, können wir ihm danach auch gerne das Aussteigen erlauben.

Mit fortschreitendem Training sollte unser Hund dann schnell lernen, im Kofferraum zu warten, auch wenn wir uns ein paar Meter vom Auto entfernt haben. Wenn das klappt, ist es an der Zeit, das Warten tatsächlich vor dem Spaziergang einzufordern. Eine Belohnung ist dann nicht mehr unbedingt erforderlich. Wenn wir unserem Hund das Aussteigen erlauben und der Spaziergang beginnt, ist das in der Regel Belohnung genug.

AdobeStock: mdyn

Wenn etwas nicht klappt

Kann unser Hund sich auch nach einem Spaziergang im Auto nicht gedulden, können wir auch einfach den Kofferraum oder die Box schließen. Das macht ihm deutlich, dass der Kofferraum zugeht, sobald er versucht, von selbst herauszuspringen. Das macht aber natürlich ein ausgezeichnetes Timing notwendig.
Alternativ kann es Sinn machen, den Hund an kurzer Leine anzubinden, sodass nicht nur die Kofferraumklappe bzw. Boxtür ihn zurückhalten, sondern zusätzlich die Leine. Das gibt uns die Möglichkeit, ihn bei geöffnetem Kofferraum zu belohnen, so lange er dort bleibt und er kann ja nicht anders. So lässt sich eine Routine einführen in der Art: Kofferraumklappe geht hoch, Hund bekommt ein Leckerchen, wir gehen einmal ums Auto, der Hund bekommt ein zweites Leckerchen. Dann erst wird die Leine abgemacht und der Hund darf aussteigen. Er muss vor dem Auto noch einmal Sitz machen, bekommt dafür ein Leckerchen und dann beginnt der Spaziergang. Auf diese Weise kann der Hund lernen, auf die zwei Leckerchen im Kofferraum zu warten und nach dem Herausspringen nicht gleich loszurennen, sondern mit dem Sitz ein drittes Leckerchen zu verdienen.

Hund anbinden und alleine lassen

In der heutigen Zeit ist es zwar gewagt, seinen Vierbeiner vor dem Discounter angeleint zurückzulassen, dennoch macht es Sinn, dies zu üben. Es kann immer Situationen geben, wo das notwendig ist. Dann ist es wichtig, dass der Hund nicht laut kläffend die Nachbarschaft zusammen-

trommelt und sich auch nicht so heftig freut, dass er uns beim Zurückkommen anspringt und alle Einkäufe auf der Straße liegen. Es gibt zwei Dinge, die wir unserem Hund beibringen müssen.
Er bleibt kurze Zeit alleine zurück.
Wir kommen wieder und ein freudiges Anspringen ist nicht erwünscht.

Im ersten Schritt wird der Hund angebunden. Bei sehr temperamentvollen Hunden, bei denen zu befürchten ist, dass sie in die Leine springen, ist ein Geschirr zu empfehlen. Ein wenig Bewegungsspielraum sollte unser Hund an der Leine haben, also nicht zu kurz anbinden, vor allem nicht am Anfang.

Im nächsten Schritt entfernen wir uns vom Hund. Zügig und ohne große Abschiedszeremonie, denn wir wollen dieses Weggehen vom Hund nicht zu etwas Besonderem machen. Die Entfernung zum Hund sollte nach und nach gesteigert werden und später, wenn der Hund die Übung ein paar Mal gemacht hat, können und sollten wir auch mal außer Sicht gehen.

Immer wieder kehren wir dann in die Nähe des Hundes zurück. Sehen wir, dass der Hund schon Haltung annimmt, um uns freudig anzuspringen, gibt es zwei Möglichkeiten. Die erste ist, wir drehen um und entfernen uns wieder vom Hund.

Die Alternative ist, wir nutzen Gestik und verbale Kommandos, um unserem Hund klar zu machen, dass er Abstand halten soll. Tut er dies, gehen wir weiter auf ihn zu, gerne auch während wir ihn verbal loben.

Gelingt es uns, zum Hund zurückzugehen, ohne dass er uns anspringt oder anderweitig belästigt, loben wir ihn maximal verbal, eventuell ergänzt um eine kleine Streicheleinheit. Besser ist aber noch, wir gehen einfach wortlos zu ihm, machen die Leine ab und tun so, als wenn es das normalste der Welt ist, den Hund zurückzulassen und wiederzukommen.

Wenn was nicht klappt

Stellt der Hund seine übermäßige Freude nicht ab, oder jault und bellt er, wenn er verlassen wird, hat dies meistens den gleichen Grund. Er wird nach dem Zurückkommen zu hochwertig belohnt und hat dadurch Verlustängste, die auf Frust basieren, weil er die Anwesenheit seines Menschen mit einer hohen Erwartungshaltung und Erregung verbindet. Hier muss man das Verlassen des Hundes noch viel kleinschrittiger trainieren. Das heißt, nur einen kurzen Abstand zum Hund und sollte er laut werden, weder mit ihm schimpfen noch sprechen. Stattdessen mit dem Rücken zu ihm, außerhalb seiner Reichweite stehen bleiben. Erst wieder zum Hund umdrehen, wenn er sich beruhigt hat und dann auch gerne verbal loben. Im optimalen Fall nur so weit weggehen, wie der Vierbeiner es erträgt und diesen Abstand in kleinsten Schritten ausweiten.

Beim Zurückkommen ist Konsequenz ge-

AdobeStock: kurapatka,Mulyadi,Vagengeim

Foto: Spona

fragt. Sobald der Hund sich aufregt, sollten wir mit dem Rücken zu ihm stehen bleiben und nicht mit ihm sprechen. Verbales Lob und weniger Abstand kommen erst dann in Frage, wenn unsere Fellnase sich beruhigt.

Der perfekte Rückruf
Wer seinen Hund nicht immer und ständig an der Leine führen will, muss zwingend einen zuverlässigen Rückruf trainieren. Nichts ist schlimmer als ein Vierbeiner, der sich aus dem Staub macht und uns in Sorge zurücklässt.

Rückruf über klassische Konditionierung

Ich baue den Rückruf über die klassische Konditionierung auf. Richtig trainiert und mit einem Hund, der sich motivieren lässt, egal ob über Futter oder Spiel, funktioniert das immer und zuverlässig. Das Kommando wird so lange trainiert, bis es im Unterbewusstsein des Hundes ankommt und damit erreicht unser Rückrufsignal den Hund auch dann, wenn er mit anderen Dingen beschäftigt ist, bspw. wenn er sich im Jagdmodus befindet. Voraussetzung ist allerdings zweierlei:

- Es muss etwas geben, mit dem wir unseren Hund hochwertig belohnen können, er muss sich also motivieren lassen.
- Das Rückrufsignal muss immer gleich klingen. Deshalb empfehle ich eine Pfeife von ACME mit genormter Frequenz. Die klingt, egal, ob es kalt oder heiß, trocken oder nass ist und ob die Pfeife neu oder zehn Jahre alt ist, immer gleich. Der Pfiff spiegelt auch nicht unseren Stress oder unsere Stimmung wieder und ist weit zu hören, auch dann wenn wir heiser, erkältet, traurig oder fröhlich sind.

Alternativ zum Pfiff kann auch ein verbales Kommando verwendet werden. Ich rate allerdings zur Pfeife. Die Erfahrung hat gezeigt, dass ein verbales Kommando leider nicht immer gleich ausgesprochen wird und wenn außerdem mehrere Familienmitglieder den Hund zurückrufen möchten, hat jeder eine andere Stimme und müsste einzeln für sich den Rückruf mit ihm trainieren.

Im ersten Schritt legen wir unseren Hund irgendwo ab. Wenn er das noch nicht kann und nicht liegen bleibt, kann ihn auch eine Hilfsperson festhalten. Wir entfernen uns dann vom Hund und zwar ruhig ein ganzes Stück. Er soll schon richtig Tempo machen und die meisten Hunde rennen schneller, wenn die Distanz größer ist.

Erst wenn unser Hund kurz vor uns ist, also fast am Ziel, pfeifen wir, bzw. nutzen das Rückrufkommando. Das ist wichtig, damit wir ihn unmittelbar danach, innerhalb der 2 Sekunden, hochwertig belohnen können.

Nun rufen wir unseren Hund und locken ihn mit allem, was wir haben, um ihn mit viel Tempo und Spaß zu uns zu bekommen. Wichtig ist dabei, noch nicht das Rückrufkommando oder die Pfeife zu benutzen!

Ist der Hund dann bei uns, folgt eine sehr hochwertige Belohnung, das kann für den einen ein Zergelspiel sein, für den anderen die Frisbeescheibe, die fliegt und für den nächsten ein Döschen Katzenfutter oder Nassfutter. Je hochwertiger die Belohnung, desto nachhaltiger festigt sich die Verknüpfung zwischen Signal (Pfiff) und Reaktion (Kommen).

Wiederholung, Wiederholung, Wiederholung ...

Durch Wiederholung lernt unser Hund. Das heißt, wir müssen diese erste Übung nun häufig und regelmäßig wiederholen. Dazu muss er aber nicht immer abgerufen werden. Wir können auch einfach mal pfeifen, wenn unser Hund von selbst freudig auf uns zuläuft. Wichtig sind aber zwei Dinge:

- **Wir pfeifen nur, wenn er freudig kommt, nicht weil er bspw. zu uns kommt und Schutz sucht, weil er sich erschreckt hat oder vor einem anderen Hund wegläuft.**
- **Wir belohnen immer, absolut immer hochwertig. Haben wir keine hochwertige Belohnung dabei, wird nicht gepfiffen.**

Nach ungefähr 100, besser noch mehr Wiederholungen folgt der nächste Schritt.

Nun können wir in ablenkungsarmer Umgebung beginnen, unseren Hund mit dem Pfiff abzurufen. Ganz wichtig: Auch hier belohnen wir wieder bei jedem Abruf sehr hochwertig. Wenn die Strecke, die unser Hund laufen muss, länger ist, macht es Sinn, nicht nur einmal für den Abruf zu pfeifen, sondern auch noch mal kurz bevor er bei uns ist, damit wird Pfiff und Belohnung noch fester verknüpft.

Auch diesen Schritt wiederholen wir sehr häufig. Sollte sich dabei zeigen, dass schon leichte Ablenkungen dazu führen, dass unser Hund nur zögerlich kommt, dann lieber noch einmal zum vorherigen Schritt zurückkehren. Sitzt diese Basis nicht, klappt später auch der Abruf nicht sicher.
Wenn der Abruf mit der Pfeife mit wenig Ablenkung klappt, üben wir das Gleiche mit immer mehr Ablenkung an fremden Orten, mit anderen Hunden in der Nähe und später auch mit Wildgerüchen und sonstigen Ablenkungen. Klappt das nicht einwandfrei, dann immer wieder einen oder auch zwei Schritte zurück gehen.

AdobeStock: SB Arts Media, selenit,Dyrefotografi.dk

Der Rückruf als bedingter Reflex

Nach regelmäßigem und korrekten Training wird der Rückruf zum bedingten Reflex. Das heißt, das Pfeifen löst bereits unterbewusst beim Hund den Reflex aus, zu seinem Menschen zurückzulaufen. Er denkt dabei nicht mehr nach und wägt auch nicht mehr ab, ob es sich lohnt. Er dreht einfach um und kommt. Deshalb funktioniert dies auch dann, wenn unser Hund oberflächlich betrachtet abgelenkt ist, da es das Unterbewusstsein steuert. Wenn dieses Stadium der Konditionierung erreicht ist, wird der Hund immer umkehren, wenn er den Pfiff hört. Passiert das nicht, wurde dieses Stadium nicht erreicht oder der Hund hat durch zu lange Trainingspausen wieder einen Teil der Konditionierung verloren.

Wenn was nicht klappt

Ein perfekter Rückruf erfordert regelmäßiges Training und regelmäßige Auffrischungen. Wenn der Rückruf in ablenkungsarmer Umgebung nicht klappt, wurde nicht hochwertig und immer belohnt oder zu wenig geübt. Allerdings sollten die einzelnen Übungseinheiten nicht zu lange dauern. Besser 5x am Tag 3x Rückruftraining, als einmal am Tag 15x am Stück hintereinander. Sobald der Vierbeiner mit nicht mehr mit ganz so viel Spaß oder Tempo kommt, sollte die Trainingseinheit beendet werden.

Klappt der Rückruf unter Ablenkung nicht und wurde keine Pfeife genutzt, sondern ein verbales Kommando, ist vermutlich genau das ein Problem. Das Kommando klingt unterschiedlich, je nach Stimmung, in der wir uns befinden, ob wir es laut oder leiser sagen, lang oder kurz aussprechen. Entweder

dabei noch mal zum ersten Schritt zurückgehen und versuchen, jede mögliche Aussprache entsprechend zu konditionieren oder, mein Tipp, auf Pfiff mit der Pfeife umstellen.
Kommt unser Hund unter Ablenkung nicht immer zuverlässig auf das Rückrufsignal, ob im Training beim Aufbau oder im Alltag, ist es kontraproduktiv, dann mehrmals zu pfeifen. Jeder Pfiff, auf den der Hund nicht reagiert, schwächt die vorhandene Konditionierung und lässt ihn nur lernen, dass der Pfiff egal ist. Besser ist dann, den Hund zu rufen, zu locken, mit allen Möglichkeiten, die man hat und dann besser noch mal, wenn sich unser Hund auf dem Rückweg befindet zu pfeifen, gerne auch mehrmals und am Ende wieder hochwertig zu belohnen.
Hat der Rückruf mal geklappt und jetzt nicht mehr oder nicht zuverlässig, dann wurde er vermutlich zu häufig hintereinander im Alltag genutzt und nicht belohnt. Oder es wurde lange Zeit nicht mehr aufgefrischt. Hier muss man wieder zu Schritt 1 (pfeifen, wenn der Hund schon kommt) oder Schritt 2 (pfeifen, um den Hund abzurufen mit wenig Ablenkung) zurückkehren und ein paar Trainingseinheiten mit hochwertiger Belohnung einfügen.

Die Belohnungsrate sollte annähernd 100% betragen

Damit der Rückruf lange zuverlässig funktioniert, muss er immer hochwertig belohnt werden. Natürlich kommt es in der Praxis vor, dass wir diese Belohnung nicht dabeihaben, der Hund aber meint, Richtung Hauptstraße abhauen zu müssen. Natürlich soll dann der Rückruf mit dem trainierten Signal erfolgen und wird dann nicht belohnt. In solchen Fällen gehe ich hin und mache kurz darauf wieder eine Trainingseinheit, in der ich jeden Rückruf hochwertig belohne und wiederhole das mindestens zehn Mal. Auf einmal nicht belohnten Rückruf, kommen dann zehn belohnte.

Impulskontrolle und Frustrationstoleranz

Impulskontrolle und Frustration bzw. Frustrationstoleranz hängen eng zusammen. Um das zu erkennen, muss man aber tatsächlich zunächst einmal die Begriffe definieren.

AdobeStock: Karoline Thalhofer

Frust

Frust entsteht in der Regel aus einer Enttäuschung oder einer nicht erfüllten Erwartung. Bspw. wenn wir mit unserem Hund spazieren gehen. Immer an der gleichen Stelle kommt er von der Leine und wird mit dem Ball bespaßt. Dann entwickelt unser Vierbeiner recht schnell die Erwartung, wann der Spaß beginnt. Und jetzt haben wir einmal den Ball vergessen. Kommt damit an der normalen Stelle eben nicht das erwartete Spiel, entsteht Frust. Unser Hund kann nicht damit umgehen, weil er eine niedrige Frustrationstoleranz hat. Er wird bellen, quietschen, oder hysterisch ausrasten, weil seine Erwartung enttäuscht wurde. Das kann sogar in Aggression umschlagen. Auch eine zu spät erfüllte Erwartung erzeugt Frust oder nicht sofort befriedigte Bedürfnisse. Die Frustrationstoleranz bezeichnet die Fähigkeit unseres Hundes mit diesem Frust umzugehen.

Ganz häufig entsteht Frust im Training auch dann, wenn unser Hund nicht versteht, was wir von ihm möchten. Gerade bei sehr aufbrausenden Hunden kann das schnell zu Bellattacken führen.

Impulskontrolle

Bei der Impulskontrolle geht es um die Fähigkeit des Hundes, impulsives Verhalten zu vermeiden. Also dem Impuls, der Motivation für ein Verhalten ist, nicht nachzuge-

ben. Fällt uns beispielsweise beim Training ein Leckerchen oder Spielzeug aus der Tasche, wird ein Hund mit mangelhafter Impulskontrolle sofort hinlaufen und es sich holen. Bei der Impulskontrolle geht es also darum, unserem Hund klar zu machen, dass er impulsives Verhalten vermeidet und mit Geduld und Abwarten zum Ziel kommt.
Ein Hund mit guter Impulskontrolle kommt dann gegebenenfalls in den Bereich von Frust, nämlich weil er sein Bedürfnis hinterherzujagen, nicht sofort befriedigen kann. Daher hängt beides miteinander zusammen. Hat ein Hund eine geringe Frustrationstoleranz, dann wird er in der Regel auch eine geringe Impulskontrolle haben, oder auf Dauer entwickeln.
Beides können wir fördern und trainieren, indem wir Übungen machen, die vom Hund Geduld, Ruhe und Warten verlangen.

Warten und Ruhe

Unser Hund muss lernen, Frust zu ertragen. Er muss verstehen, dass Ruhe und Geduld der Weg zum Erfolg sind. Diese Übung können Sie auf jedem Spaziergang machen.

Wir setzen uns auf dem Spaziergang einfach mal hin und ignorieren dabei den Hund. Dieser darf tun was er will, sitzen, stehen oder liegen. Hauptsache er ist ruhig, fordert keine Aufmerksamkeit und ist entspannt. Wenn unser Hund sich entsprechend beruhigt hat und ruhig und brav ist, dann geht es ohne weiteres Kommando einfach weiter.

Impulskontrolle trainieren

Speziell für die Impulskontrolle brauchen wir Übungen, die ein impulsives Verhalten auslösen und somit die Selbstkontrolle unseres Hundes fördern. Ein paar kleine Übungen dazu gab es im vorherigen Kapitel. Daher soll hier vor allem auf die fortgeschrittenen Übungen eingegangen werden.

Anfangs legen, setzen oder stellen wir den Hund in die Nähe seines Spielzeugs und achten darauf, dass er sich nicht bedient. Sollte er das versuchen, können wir ihn mit Körpersprache oder auch verbal ermahnen und korrigieren. Statt des Spielzeugs kann natürlich auch eine Schale mit Futter oder ein Futterbeutel da liegen. Wir belohnen unseren Hund mit etwas anderem, als dem was da liegt, wenn er keine Anzeichen zeigt, sich bedienen zu wollen.

Bleibt unser Hund von dem statischen Spielzeug weg, kann eine Hilfsperson ihm das Spielzeug vor die Füße werfen. Nur bitte nicht so hastig, nicht den Hund treffen und nicht zu dicht. Gerade am Anfang ist das für den Hund eine sehr schwere Übung und er hat es leichter, wenn der Abstand zum Spielzeug größer ist. Ebenso fällt es ihm leichter, wenn nicht wir selbst, sondern jemand anderes das Spielzeug wirft, denn das ist nicht das gleiche Bild, das unser Hund hat, wenn wir mit ihm spielen und das Spielzeug wegwerfen.

Klappt das mit einem Spielzeug, kann die Übung gesteigert werden, indem wir mit unserer Fellnase an lockerer Leine oder frei folgend durch mehrere am Boden liegende Spielzeuge gehen. Eine Leine macht hier vor allem dann Sinn, wenn wir noch am Anfang des Trainings sind. So können wir ihn daran hindern, sich zu bedienen.

Um die Übung noch etwas zu steigern, können wir später auch den Hund durch ein Feld aus Spielzeugen abrufen. Auch dann müssen wir ihn natürlich hochwertig belohnen, wenn er das geschafft hat.

Ebenfalls eine gute Übung für fortgeschrittene Hunde ist das Warten, während ein anderer Hund mit seinem Menschen spielt, oder während andere Hunde in Sichtweite spielen. In diesem Fall sollten wir den Hund mit Leine sichern, damit er nicht zu den anderen Hunden stürmt, sollte das Liegenbleiben im Training noch nicht klappen. Und auch hier gilt, anfangs einen größeren Abstand zu dem spielenden Hund zu wählen und diesen erst allmählich zu verkürzen.

Wenn was nicht klappt

Bei Ruhe-Übungen und bei Übungen zur Impulskontrolle ist es meist der Halter, der die Fehler macht. Findet unser Hund keine Ruhe, kann das daran liegen, dass er unbeabsichtigt für Unruhe und aufmerksamkeitssuchendes Verhalten belohnt wurde, nämlich durch unsere Aufmerksamkeit. In Ruhe-Übungen ist es wichtig, einen unruhigen Hund zu ignorieren und abzuwarten, bis er sich von selbst beruhigt. Auch Kommandos sind hier kontraproduktiv.

Wenn sich unser Hund in Übungen zur Impulskontrolle immer wieder bedient und Spielzeug oder Leckerchen nimmt, dann sind die Anforderungen für den Hund noch zu hoch. Wichtig ist, es dem Hund dann einfacher zu machen und noch wichtiger ist, dass der Hund niemals mit dem belohnt wird, was er auf dem Boden ignorieren soll.

Achtung – nicht alles ist trainierbar

Bei jedem Hund kann man mit Training die Frustrationstoleranz und die Impulskontrolle verbessern. Allerdings ist nicht bei jedem Hund ein perfektes Ergebnis zu erreichen. Was machbar ist und wie gut unser Hund lernen kann, hängt ganz wesentlich von seinem Wesen und der Rassedisposition ab. Natürlich auch davon, wie stark unser Hund den Reiz empfindet. Es kann sein, dass den einen Jagdhund nur Tiere zum Jagen veranlassen und er damit nur in solchen Situationen impulsives Verhalten zeigt, der andere Jagdhund aber auch hinter jedem Jogger, Fahrradfahrer und Auto herjagen möchte.
Für mangelnde Ruhe und Impulskontrolle können auch Dinge verantwortlich sein, die

vor dem Einzug Ihres Welpen passiert sind. Zum Beispiel Ereignisse und Stress der Mutter während der Trächtigkeit und das Aufwachsen der Welpen in den ersten Wochen beim Züchter. Auch eine Schilddrüsenunterfunktion und andere Erkrankungen können die Fähigkeit des Hundes zur Impulskontrolle und seine Frustrationstoleranz negativ beeinflussen. Wenn Training nicht hilft, sollte daher der Gang zum Tierarzt in Erwägung gezogen werden.

Gegenstände aufheben

Die meisten Welpen fangen irgendwann an, Dinge in der Wohnung aufzuheben und zu tragen, meist natürlich nicht, um sie ihrem Menschen zu bringen, sondern eher, um sie auf ihren Platz zu schleppen und gegebenenfalls zu zerlegen. Haben sie das als Welpe nicht gelernt, oder wurde es ihnen verboten, kann es später schwierig werden. Wir müssen dabei unterscheiden zwischen Hunden, die an sich gerne Dinge aufheben und tragen und Hunden, denen wir das Bringen von Gegenständen erst noch schmackhaft machen müssen.

Spielerisch aufgebaut lernen Welpen schnell und gerne, etwas zu tragen. Wichtig ist, wenn Sie möchten, dass Ihr Hund mal gut apportiert, verbieten Sie es ihm nicht im Welpenalter, sondern bestätigen Sie das Aufheben und Bringen.

Bei Hunden, die noch nicht von alleine Dinge aufheben, bietet sich an, mit einem Futterbeutel zu trainieren, der mit hochwertigem Futter gefüllt wird. Dazu zeigen wir unserem Hund zunächst den geöffneten Futterbeutel mit dem Futter, so dass er weiß, dass es um Futter geht.

Im nächsten Schritt ziehen wir den Futterbeutel über den Boden und animieren unseren Vierbeiner, hinterherzujagen und ihn auch aufzuheben. Dieser Schritt kann entfallen, wenn wir einen sehr beuteorientieren Hund haben, wie bei vielen Arbeitshunderassen.

Bei den meisten Hunden mit Beutetrieb, wie Schäfer- und Hütehunde, Apportierhunde etc. reicht es oft auch, wenn wir den Futterbeutel mit Schwung wegschmeißen. Die meisten rennen von alleine hinterher und heben es auf.

Hebt unser Hund den Futterbeutel auf, geben wir gleichzeitig das gewünschte Kommando, bspw. „Bring".

Perfektion nicht erforderlich

Am Anfang ist es nicht erforderlich, dass unser Hund den Futterbeutel (oder andere Apportiergegenstände) perfekt trägt, sich vor uns setzt und festhält. Wer allerdings Hundesport machen möchte, sollte darauf relativ schnell achten und ihn immer wieder auffordern, den Gegenstand aufzuheben, wenn er ihn fallen lässt.

Bringt der Hund den Futterbeutel und gibt ihn ab, folgt in diesem Moment das „Aus"-Kommando, denn wir müssen ihm ja klar machen, wann er den Gegenstand abgeben soll. Gibt er den Futterbeutel oder einen anderen Gegenstand ab, wird er unmittelbar danach belohnt.

Wertigkeit der Belohnung

Wenn Sie merken, dass Ihr Hund das Bringen und den Apportiergegenstand sehr gut findet, sich aber vielleicht mit dem zu apportierenden Gegenstand aus dem Staub machen möchte, ist die Belohnung nicht hochwertig genug. Wichtig ist, dass bei solchen Hunden die Belohnung mindestens gleichwertig sein muss und zwar aus Sicht des Hundes. Übergangsweise kann es Sinn machen, entweder den Hund oder den Apportiergegenstand an eine lange Leine zu machen, damit er die Chance hat zu lernen, dass es eine hochwertige Belohnung nur gibt, wenn er mit dem Apportiergegenstand zu Ihnen kommt.

Verhalten generalisieren

Haben wir das Kommando „Bring" ausreichend häufig gesagt, wenn unser Hund den Futterbeutel aufnimmt, müssen wir das Kommando generalisieren, das heißt, wir benutzen es nicht nur, damit unsere Fellnase den Futterbeutel aufhebt, sondern allmählich auch für andere Gegenstände. Das

AdobeStock: Prostock-studio

kann alles Mögliche sein, das nicht zu schwer und nicht zu groß ist. Wichtig ist, dass wir ihm anfangs den Gegenstand zeigen, wenn wir „Bring" sagen, damit er verstehen kann, was er aufheben soll.

Wenn was nicht klappt

Es gibt Hunde, die mögen bestimmte Materialien nicht. Wenn unser Vierbeiner sich also standhaft weigert, einen Futterbeutel oder anderen Gegenstand hochzunehmen, einfach mit etwas anderem probieren, bspw. mit etwas, das seinen Genen entgegenkommt. Bei einem Apportierhund ein Futterbeutel mit Kaninchenfell oder einen Felldummy, bei einem Hütehund ein Spielzeug aus Schaffell. Das hört sich komisch an, aber es ist tatsächlich so, dass oft Hütehunde ein Schaffell dem Kaninchenfell vorziehen und bei den Jagdhunden andersherum.
Will der Hund den Apportiergegenstand nicht abgeben, ist Beutetausch ein guter Ansatz, das heißt, wir zeigen dem Hund einen gleichwertigen Gegenstand und animieren ihn, danach zu schnappen. Dann lässt er den anderen los und wir können in dem Moment „Aus" sagen und den anderen Gegenstand zu Belohnung werfen.

Für den Beutetausch benötigen Sie zwei gleichwertige Gegenstände, bspw. zwei gleiche Bälle. Wenn der Hund mit dem einen Ball kommt, zeigen Sie ihm den anderen, den er dann auch bekommt, wenn er den ersten loslässt. Am besten können Sie so das „Aus" trainieren, indem Sie die Bälle immer im Wechsel in entgegengesetzte Richtung an Ihnen vorbei werfen, sodass der Hund vor Ihnen kreuzt, wenn er im Wechsel die Bälle holt. Immer wenn Sie den einen Ball werfen, und der Hund den anderen in der Schnauze hat, kommt das „Aus"-Kommando.

Fazit:

Bleiben Sie am Ball, es lohnt sich, das Training zu vollenden. Die meisten Menschen wissen gar nicht, was der Hund alles leisten kann und auch will. Wir müssen ihm ein Trainingsziel geben, sonst sucht er sich selbst eins. Spaß am Trainieren, Lernen und an Aktivitäten ist das Wichtigste. Mit Spaß und guter Laune lernt unser Hund schneller, nachhaltiger und macht gerne mit, bei allem, was wir mit ihm machen möchten.

Was wir in diesem Kapitel gelernt haben

- **Ruhe, Geduld und Impulskontrolle** sind wesentliche Ziele für unser Training, denn sie erleichtern den Alltag mit unserem Hund ungemein.
- **Warten können** ist wichtig, egal ob wir unseren Hund mal kurz anbinden müssen, ob er im Kofferraum warten muss, bis wir ihn angeleint haben oder ob er ertragen muss, dass andere Hunde spielen und er nicht mitspielen darf.
- **Der perfekte Rückruf** lässt sich leicht und ausschließlich **positiv** trainieren. Es lohnt sich, möglichst früh zu beginnen.
- Wenn wir möchten, dass unser Hund irgendwann mal schön **apportiert**, macht es Sinn, dies bereits im **Welpenalter** zu fördern und nicht den Hund zu bestrafen, falls er mal mit einem Schuh um die Ecke kommt.

AdobeStock:Halfpoint

Die Master-Ausbildung

Mit gutem, regelmäßigem und konsequentem Training erlernen die meisten Hunde innerhalb der ersten 16 Monate die grundlegenden Dinge, die für ein Zusammenleben erforderlich sind. Aber was dann? Sicherlich gibt es Hunde, die mit Spaziergängen und Dösen auf der Couch zufrieden sind. Der Trend geht jedoch immer mehr zu Arbeits- und Jagdhunden oder Mischlingen aus diesen Rassen. Für diese Hunde stellt sich dann die Frage, was dann? Die meisten werden ohne körperliche und geistige Beschäftigung schnell zum Terror-Hund, der die Familie hütet, Ressourcen verteidigt oder die Einrichtung zerstört. Hundesport in jeder Variante kann hier eine Lösung sein.

Geistige und körperliche Auslastung

Es gibt eigentlich kaum Aktivitäten, die entweder nur geistig oder nur körperlich auslasten. Vielleicht wäre noch Fahrradfahren mit Hund als rein körperliche Auslastung zu sehen. Alles andere, bspw. Hundesport, Tricksen etc. ist Auslastung für Geist und Körper, sogar der normale Spaziergang, sofern der Hund dabei auch mal schnuppern darf und nicht nur nebenher trottet.
Und genau das ist auch wichtig, geistige und körperliche Auslastung. Wenn unser temperamentvoller junger Hund sich nicht richtig bewegen kann, nur in der Wohnung hockt und kurze Spaziergänge an der Leine

bekommt, wird das mit dem Gehorsam, der Impulskontrolle und Selbstbeherrschung sehr schwer. Die körperliche Auslastung ist genauso wichtig, wenn nicht noch wichtiger als die geistige.

Bewegungsdrang ist altersabhängig

Natürlich ist der Bewegungsdrang des Hundes abhängig von Temperament, Rasse und Alter. Ein junger gesunder Hund möchte sich in der Regel mehr bewegen als ein alter. Alte Hunde brauchen schon viel Ruhe und eher geistige als körperliche Auslastung.
Bei der Wahl der Beschäftigung sollte auch die Rasse und damit die rassespezifischen Bedürfnisse und Fähigkeiten unseres Hundes berücksichtigt werden. Es macht wenig Sinn, mit einem Berner Sennenhund Agility zu machen, diese Hunde sind zu schwer und zu wenig wendig. Viel Springen geht auf die Knochen und wenn wir sehen, wie wenig Chancen unser Berner gegenüber einem Border Collie hat, frustriert das die meisten Hundehalter. Frust ist aber kein guter Begleiter, weder für uns, noch für unseren Hund. Aber mit einem Berner Sennen Canicross oder Zughundesport zu machen, ist sicherlich eine gute Idee, schließlich sind diese Hunde ganz ursprünglich dafür gezüchtet worden, Karren und Wagen zu ziehen.

Folglich gibt es auch Beschäftigungen, für die bestimmte Rassen prädestiniert sind. Wir wollten nachfolgend ein paar Hundesport- und Beschäftigungsmöglichkeiten und dabei auch ein paar einfache Übungen zum Einstieg vorstellen.

AdobeStock: OlgaOvcharenko

Beim Hoopers geht es darum, dass wir unseren Vierbeiner mit Spaß und guter Laune durch einen Parcours leiten. Dieser besteht aus Hoops (im Bild blau/schwarz), Gates (rechts im Bild), Tonnen und Tunnel. Die Hoops und Tunnel muss der Hund durchlaufen und die Gates und Tonnen umrunden.

Steckbrief: Hoopers

Kurzbeschreibung		Hoopers, auch Hoopers-Agility genannt, ist eine Sportart, bei der es nicht um Tempo geht, sondern um eine Bindung zwischen Hund und Hundeführer, die es ermöglicht, dass der Hundeführer den Hund durch den Parcours leitet, der aus Geräten wie Hoops, Tunnel, Gates und Tonnen besteht. Es geht nicht vorrangig um Geschwindigkeit und es gibt keine Sprünge. Somit steht dieser Sport auch älteren und kranken Hunden offen und Hunden, die rassebedingt nicht sehr temperamentvoll und bewegungsfreudig sind.	
Hund	Sollte motivierbar sein und mit seinem Menschen zusammenarbeiten. Grundgehorsam (Sitz/Platz) und kommen auf Ruf sollte vorhanden sein.	**Mensch**	Sollte sich den Parcours merken können, sowie ein paar wenige Kommandos und seine Körperhilfen kontrollieren können. Schnelles Laufen ist nicht notwendig, da der Hundeführer auf der Stelle steht. Daher auch für gehbehinderte Menschen ein toller Sport.

Die Tonnen können Plastiktonnen (im Bild) oder Popup-Laubsäcke sein, die vom Hund rechts- und linksherum umlaufen werden müssen. Eine ähnliche Übung gibt es auch beim Obedience. Wie du das trainierst, findest du daher weiter unten zum Thema Obedience beschrieben.

Besonders geeignete Hunderassen für ehrgeizige Hundehalter:	Hüte- und Treibhunde (Border Collie, Collie, Deutscher, Belgischer, Holländischer Schäferhund), Jagdhunde (Münsterländer, Deutsch Kurzhaar, Magyar Viszla, Labrador, Golden Retriever), Pudel, Terrier		
Trainingsmöglichkeiten	In Vereinen und Hundeschulen, bei genügend Platz auch im eigenen Garten machbar.		
Wettkampfvoraussetzungen	Keine, weder eine Begleithundeprüfung noch eine Vereinsmitgliedschaft ist erforderlich. Der Hund muss geimpft und versichert sein.		

Das Durchlaufen von Hoops und Tunneln lässt sich auf gleiche Art und Weise trainieren. Der Hund wird vor dem Tunnel abgesetzt oder gelegt und wir entfernen uns dann auf die andere Seite und locken bzw. rufen ihn mit einem Leckerchen oder Spielzeug durch den Tunnel.

Ist der Hund fast durch den Tunnel durch, werfen wir das Leckerchen oder Spielzeug in Laufrichtung vor den Hund. Immer dann, wenn sich der Hund im Tunnel oder im Hoop befindet, geben wir das Kommando für das entsprechende Gerät, um es mit dem Gerät zu verknüpfen.

Obedience

Beim Obedience gibt es unter anderem Apportierübungen, bei denen Apportel aus Holz apportiert werden müssen, teilweise in den höheren Klassen auch über Hürden.

Steckbrief: Obedience

Kurzbeschreibung	Beim Obedience geht es neben Tempo in den schnellen Übungen vor allem um die präzise Ausführung. Es gibt abhängig von der Prüfungsstufe 9 bis 10 Übungen, die von Stufe zu Stufe aufeinander aufbauen. Dabei sind Apportierübungen, genau wie Übungen, wo es auf die Fußarbeit ankommt, sowie auch Renn-Übungen, die schnellen, bewegungsfreudigen Hunden entgegenkommen.		
Hund	Geeignet für alle Hunde, die sich gut motivieren lassen und das nicht nur für einen Moment, sondern mit etwas Training auch für 10 bis 20 Minuten. Ebenso sollte der Vierbeiner schnell sein und Spaß an der Bewegung haben. Da es auch Übungen mit Hürden gibt, sollte die Fellnase möglichst dahingehend gesundheitlich nicht eingeschränkt sein. Da es Gruppenübungen gibt, ist Sozialverträglichkeit eine Voraussetzung.	**Mensch**	Wer Obedience betreiben möchte, der sollte schon ein Faible für Genauigkeit haben. Wem es egal ist, ob der Hund nun gerade oder schief in der Grundstellung sitzt oder mit dem Apportel spielt statt es zu bringen, für den ist Obedience nicht der richtige Sport.

Besonders geeignete Hunderassen für ehrgeizige Hundehalter:	Hüte- und Treibhunde (Border Collie, Australian Shepherd, Deutscher, Belgischer, Holländischer Schäferhund, Kelpie), Jagdhunde (Labrador, Golden Retriever)		
Trainingsmöglichkeiten	In Vereinen und Hundeschulen. Allerdings wird nicht in allen Hundeschulen streng nach Prüfungsordnung trainiert.		
Wettkampfvoraussetzungen	Mitgliedschaft in einem Rasse- oder Hundesportverein der dem VDH bzw. dem obersten Sportverband des Landes angeschlossen ist. Für den Start ist in Deutschland die Begleithundeprüfung Voraussetzung.		

Eine wichtige Übung ist das Umrunden einer Tonne oder einer Kegelgruppe. Für das Training am Anfang ist es einfacher, mit einem einzelnen Kegel oder einer kleinen Tonne zu beginnen, weil wir dann den Hund einfacher drumherum führen können. Wir platzieren den Hund dazu ein kleines Stück vor dem Kegel in einem 90°-Winkel zu unserer Position am Kegel. Zwischen dem Kegel und uns sollte der Hund ausreichend Platz zum Durchlaufen haben. Nun rufen wir den Hund und führen ihn mit der Hand um den Kegel herum.

Befindet sich unser Hund genau hinter dem Kegel, geben wir das Kommando, das wir später für das Umrunden benutzen möchten. Beim Obedience und beim Hoopers können die Kommandos frei gewählt werden.

Zum Schluss schmeißen wir unserem Hund das Spielzeug oder Leckerchen in die Richtung, aus der er ursprünglich gekommen ist. Auf diese Weise lernt unser Hund mit viel Spaß und Tempo, den Kegel zu umrunden.

Wie es weiter geht!

Klappt das Training nach einer Weile gut und der Hund folgt nicht mehr nur dem Leckerchen, dann entfernen wir uns immer weiter vom Kegel in Richtung Startposition des Hundes, so dass er lernt, an uns vorbei selbständig um den Kegel zu laufen. Später ersetzen wir den Kegel durch eine Gruppe von Kegeln oder auch eine Tonne. Für Hoopers muss der Hund in beide Richtungen die Tonne umrunden. Sie müssen dazu darauf achten, für linksherum und rechtsherum unterschiedliche Kommandos zu nehmen und auch beide zu trainieren.
Eine weitere wichtige Übung beim Obedience ist das Laufen zu einem Target oder einer Markierung. Sie wird selbst zwar nicht in einer Prüfung abgefragt, ist aber für den Aufbau verschiedener Übungen nützlich.

Benötigte Hilfsmittel

Sie benötigen einen flachen Markierteller, das kann bspw. auch der Schraubverschluss von einem Gemüseglas sein. Alternativ ein sogenanntes „Target“, das Sie im Fachhandel finden. Außerdem Leckerchen oder eine anderweitige Belohnung, die sich 1-2 Meter weit werfen lässt.

Im ersten Schritt halten Sie dem Hund das Target ins Sichtfeld. Stupst er es mit der Nase an, folgt das Kommando, das Sie später verwenden möchten, und eine Bestätigung, bspw. ein verbales Lob, besser ein kurzes Spiel oder ein Leckerchen. Diese wiederholen Sie vier bis fünf Mal.

Im nächsten Schritt legen Sie das Target auf den Boden. Bei Hunden, die wenig Aktivität zeigen, können Sie auch ein Leckerchen auf das Target legen, um mehr Anreiz zu schaffen, dass der Hund zum Target läuft.

Läuft der Hund bereits auf Kommando oder mit etwas Hilfe zum Target und stellt eine Pfote darauf oder stupst es mit der Nase an, hat er sich eine Belohnung verdient. Im besten Fall folgt die Belohnung am Target. Sie können gerne das Leckerchen auf das Target werfen, damit der Hund es fressen kann.

Achtung – der Zeitpunkt für das Kommando ist wichtig!

Wenn wir möchten, dass unser Hund das Kommando, bspw. „Target" oder „Touch" mit dem Target auf dem Boden verknüpft, sollten wir gerade am Anfang das Kommando erst sagen, wenn sich unser Hund bereits am Target befindet. Das Kommando schon nach nur wenigen Trainingseinheiten zu sagen, wenn sich der Vierbeiner noch an der Startposition befindet, führt häufig dazu, dass der Hund nicht losläuft oder etwas Falsches macht. Das macht die schon vage Verknüpfung zwischen Kommando und Target wieder zunichte. Also bitte nicht zu früh versuchen, den Vierbeiner mit dem Kommando zum Target zu schicken. Besser, ihn anderweitig animieren, bspw. durch Zeigen auf das Target.

Ist unser Hund am Target und wurde dort belohnt, muss er jetzt natürlich wieder weg davon. Dazu können Sie ein Leckeren vom Target wegwerfen, so dass der Hund hinterher läuft und das Leckerchen frisst. Danach kann es gleich wieder mit dem vorherigen Schritt weiter gehen. So entsteht auch schnell Spaß und Tempo, weil der Hund hin- und herlaufen darf.

Wie es weiter geht!

Wenn unser Hund aus kurzer Distanz mit Spaß und Tempo zum Target läuft und dies auch irgendwann auf das gewählte Kommando hin macht, können wir die Distanz zum Target erhöhen. Schafft unser Vierbeiner dies auf 5-10 Meter Entfernung, können wir das Target nutzen, um ihm klar zu machen, dass er zu einer bestimmten Position, bspw. in die Obedience-Box laufen soll. Die Box ist ein 3 x 3 Meter großes, mit einem Band am Boden markiertes Viereck, dessen Ecken von 15 cm hohen Pylonen markiert werden.

Longieren

Beim Longieren geht es um die Kommunikation im Mensch-Hund-Team und die Bindung zwischen Mensch und Hund.

Kurzbeschreibung		Ziel beim Longieren ist es, dass der Mensch seinen Hund steuern kann. Dieser soll einen markierten Kreis umrunden, während der Mensch in der Kreismitte steht. Während des Umrundens können weitere Aufgaben vom Hund verlangt werden, wie Tunnel durchlaufen, über Hürden springen, Tempowechsel und Kehrtwendungen. Der Phantasie sind da eigentlich keine Grenzen gesetzt. Longieren eignet sich besonders für Mensch-Hund-Teams, die keine besonderen sportlichen Ambitionen haben und keinen Wert auf Wettkämpfe legen, aber dennoch anspruchsvolle Aufgaben trainieren wollen.	
Hund	Geeignet für alle Hunde, die sich mit irgendetwas motivieren lassen. Es kommt weder auf das Tempo an, noch auf Präzision.	**Mensch**	Keine besonderen Anforderungen. Longieren kann selbst von gehbehinderten Menschen betrieben werden.
Trainingsmöglichkeiten	In Vereinen und Hundeschulen.		
Wettkampfvoraussetzungen	Es gibt keine Wettkämpfe.		

Im ersten Schritt lernt unser Hund, außerhalb des markierten Kreises auf Höhe seines Hundeführers zu laufen. Wichtig ist dabei, den Arm mit dem Leckerchen oder der Belohnung gerade auszustrecken, denn das ist später auch die Führhand, an der sich der Hund orientieren soll.

Wie es weiter geht!

Immer wenn unser Vierbeiner in den Kreis kommt, machen wir ihm unmissverständlich klar, dass er wieder raus soll. Klappt das und reagiert unser Hund auch auf angesagte Kehrtwendungen und ähnliche „kleine" Übungen, entfernen wir uns immer weiter Richtung Kreismitte. So lange, bis wir bequem in der Mitte stehen bleiben können und sich unser Hund auch von hier aus leiten lässt.

Spürhundesport – Sucharbeit – Fährten – SniffleDog®

Wer sich für Nasenarbeit interessiert, findet im Bereich des Hundesports eine Menge Beschäftigungsmöglichkeiten, von der Fährtenarbeit, über Mantrailing, bis zum relativ neuen Spürhundesport. Die Anforderungen sind natürlich schon sehr unterschiedlich, abhängig davon, für welche Sparte Sie sich entscheiden.

Beim Fährten muss der Hund eine Spur auf einem Acker oder eine Wiese verfolgen, die zuvor von einem Fährtenleger gelegt wurde. Ziel ist es, Winkel und die Fährte selbst sauber auszuarbeiten und Gegenstände auf der Fährte anzuzeigen.

Steckbrief: Nasenarbeit

Kurzbeschreibung	Beim Fährten und beim Mantrailing muss der Hund eine vorher gelegte Spur verfolgen. Beim Mantrailing mit hoher Nase, beim Fährten eher am Boden. Beim Spürhundesport gibt es darüber hinaus auch eine Objektsuche, wo der Hund versteckte Gegenstände finden und anzeigen muss. Ebenso gibt es die Stöberarbeit, hier muss er eine Fläche nach Gegenständen absuchen und diese anzeigen. Beim Sniffledog muss der Hund unter verschiedenen Plastikdosen diejenige mit Kamillentee finden und anzeigen.		
Hund	Geeignet für Nasenarbeit sind Hunde mit langer Nase. Suchen ist körperlich sehr anstrengend für den Hund, so dass die Körpertemperatur bei intensiver Suche durchaus steigt. Daher müssen die Hunde gut und frei atmen können. Zudem haben Hunde mit langer Nase deutlich mehr Riechzellen als kurznasige Hunde.	**Mensch**	Nasenarbeit erfordert in aller Regel viel Training und viel Geduld und bei Fährte und Mantrailing, sowie der Flächensuche auch die Bereitschaft, mit schlechtem Wetter auszukommen.

Trainingsmöglichkeiten	Mantrailing gibt es oft in Hundeschulen oder privaten Trailgruppen. Fährte und Spürhundesport ist eher was, was Vereine anbieten.		
Wettkampfvoraussetzungen	Sehr unterschiedlich, auch abhängig davon, bspw. ob Mantrailing oder Fährte im Bereich der Rettungshundearbeit oder im Bereich des Schutzhundesports gemacht wird. Für die meisten Sportarten ist in Deutschland eine Begleithundeprüfung und damit die Mitgliedschaft in einem dem VDH angeschlossenen Verein erforderlich.		

Die Objektsuche, die Teil des Suchhundesports ist, lässt sich am einfachsten und auch zuhause in Garten und Wohnung trainieren. Ziel ist, dass unser Hund einen immer gleichen Suchgegenstand findet, der zuvor versteckt wurde.

Am Anfang zeigen wir unserem Hund den Gegenstand und machen ihn ruhig interessant für ihn. Wir tun einfach so, als wenn das unser neues Lieblingsspielzeug ist. Wichtig ist, unsere Fellnase darf auch mal dran riechen, er soll ja den Geruch aufnehmen, nach dem er dann suchen soll.

Nun verstecken wir den Gegenstand so gut, dass unser Hund ihn möglichst nicht gut sieht. Er darf aber dabei zusehen, denn in der Anlernphase muss er ja erst mal eine Vorstellung davon bekommen, was er tun soll. Lücken in einem Holzstapel sind ein super Versteck.

Jetzt erlauben wir ihm, aufzustehen und motivieren ihn zum Suchen. Die meisten Hunde suchen von sich aus nach dem Gegenstand. Wir bestätigen ihn immer wieder verbal, wenn er fleißig sucht, damit er motiviert bleibt. Findet er den Gegenstand, belohnen wir ihn hochwertig, möglichst dann, wenn er noch ruhig mit der Nase am Gegenstand ist und nicht versucht, diesen mit Gewalt auszubuddeln. Ziel bei der Objektsuche ist nämlich eine ruhige Anzeige des Gegenstandes.

Wie es weiter geht!

Wenn unser Hund dies ein paar Mal gemacht hat, können wir die Schwierigkeit steigern und beim Verstecken des Gegenstands auch mal nur so tun, als wenn wir ihn verstecken und zu weiteren Orten gehen. Dann weiß der Hund nicht mehr so genau, wo er suchen muss. Klappt auch das gut und sucht unser Hund intensiv auch größere Flächen und verschiedene Verstecke ab, dann darf er irgendwann beim Verstecken nicht mehr zusehen.
Möchten Sie sich sportlich auch im Wettkampf mit anderen Mensch-Hund-Teams messen, sollten Sie dringend die entsprechenden Prüfungsordnungen studieren und wenn möglich auch kompetente Trainer aufsuchen. Denn nicht alles, was wichtig ist, ist in den Prüfungsordnungen zu finden, gerade nicht, was den Aufbau am Anfang angeht.

Mit Shaping zum Ziel: Kleine Tricks ganz einfach

Fast jeder Hund möchte beschäftigt werden. Die wenigsten Hunde sind mit einem Leben auf der Couch und zwei Gassi-Runden täglich glücklich. Sie fügen sich meist, aber von Glücklichsein sind sie weit entfernt. Dennoch ist natürlich Sport im Verein nicht für jeden machbar und die Hundeschulen oft zu teuer. Kleine Tricks lassen sich aber quasi rund um die Uhr auch in der Wohnung trainieren. Und sehr gut funktioniert das mit Shaping, häufig auch Free Shaping oder freies Shapen genannt.

Shaping, was ist das?

Beim Shaping geht es um eine Art Lernen mit Versuch und Irrtum. Unser Hund bietet ein Verhalten an, das wir mit einem Verstärker markieren, bspw. mit einem Click. So fördern wir, das er dieses Verhalten öfter zeigt. Danach stellen wir das Verhalten unter Signalkontrolle. Das heißt, wir ordnen ihm über klassische Konditionierung ein Signal, bspw. ein Kommando zu. Auf diese Weise lassen sich auch komplexe Verhalten trainieren, indem das vom Hund angebotene Verhalten allmählich in die gewünschten Bahnen gelenkt wird. Nachteil beim Shaping ist, dass wir darauf angewiesen sind, dass unser Hund auch ein Verhalten zeigt. Tut er dies nicht, weil er nie gelernt hat, aktiv etwas zu tun, können wir natürlich lange auf eine Aktivität warten. Dann bleibt nichts anderes, als dem Hund zu zeigen, was er tun soll, was dann aber per Definition kein Shaping mehr ist.

Shaping ist vor allem eine tolle Sache, wenn unsere Fellnase aktiv ist und auch an

Denksport Spaß hat. Zu erraten, was sein Mensch wohl von ihm möchte, ist auch geistig hoch anstrengend. Das sollten wir keinesfalls unterschätzen. Freies Shaping gibt uns keine Möglichkeit, zu planen, was wir unserem Hund für einen Trick beibringen können. Wenn unser Hund ein Verhalten zeigt, dann müssen wir das nutzen, wir können es zwar noch etwas umlenken, aber wenn wir bspw. „Pfötchen geben" trainieren möchten, und unser Hund zeigt immer nur ein „Platz", dann wird es schwierig.

Tipp: Shaping mit Routinen einleiten

Wir sollten das Shaping mit einer Routine einleiten, sonst präsentiert unser Vierbeiner ständig auch außerhalb des Trainings ein bestimmtes Verhalten. Durch eine Einleitung erkennt er, dass es sich jetzt lohnt, aktiv zu werden. Wir können dazu bspw. das Training mit einem Kommando einleiten wie „Mach was" oder „Los geht's" oder durch eindeutige Handlungen und Gesten, indem wir bspw. Clicker und Leckerchen demonstrativ zurechtlegen.

„Toter Hund“ trainieren

Ziel des Tricks ist, dass unser Hund sich auf ein Kommando wie „Peng“ auf die Seite legt. Ausgangspunkt dafür ist die Platz-Position.

Wenn unser Hund sich hinlegt, möglichst, wenn er sich schon bequem auf eine Seite legt, bestätigen wir dies mit einem Click und der nachfolgenden Belohnung. Aber auch ein gerades „Platz“, wie hier, darf am Anfang bestätigt werden. Wenn wir die Belohnung etwas vom Hund wegschmeißen, provozieren wir ihn zum Aufstehen, was ihm ermöglicht, sich anschließend wieder hinzulegen. Dies wiederholen wir einige Male, bis unser Hund sich nach der Belohnung zügig hinlegt.

Nun warten wir mit dem Click beim Hinlegen des Hundes so lange ab, bis der Hund etwas mehr macht, was in die gewünschte Richtung geht. Die meisten Hunde werden, wenn der gewohnte Click ausbleibt, andere Dinge probieren. Wenn unser Hund sich bspw. leicht auf die Seite legt, clicken wir erneut. Auch dies wiederholen wir ein paar Mal. Hat unser Hund sich einmal ein wenig auf die Seite gelegt, wird er nicht mehr für ein Platz aus dem ersten Schritt belohnt.

Tipp

Viele Hunde haben Spaß daran, sich in überfrorenem Gras oder Schnee zu wälzen. Das Hinlegen zum Wälzen wäre der passende Schritt für den gewünschten Trick. Daher einfach mal kaltes Wetter ausnutzen und schauen, was unser Hund anbietet. Nur aufpassen, den Hund nicht zu lange auf dem kalten Boden liegen lassen und zwischendrin gut in Bewegung halten.

Wenn nun der Hund weiter auf den Click wartet und dieser nicht kommt, hat er nur noch zwei Möglichkeiten. Er legt auch noch den Kopf ab. Dann folgt wieder der Click. Dabei dürfen auch gerne kleine Zwischenschritte bestätigt werden, wie das fast Ablegen des Kopfes. Sollte er aufstehen, gibt es keine Belohnung. Nach ein paar Wiederholungen sollte unser Hund jetzt verstanden haben, dass er sich auf die Seite legen soll, mit dem Kopf nah am Boden.

Bleibt auch in dieser Position der Click jetzt länger aus, wird unser Hund von alleine den Kopf ablegen. Denn das Hochhalten des Kopfes ist anstrengend. Dann folgt wieder der Click und gerne eine ganz besondere Belohnung.

Signalkontrolle herstellen

Klappt das Hinlegen auf die Seite schon flüssig und macht unser Hund das regelmäßig, dann ist es an der Zeit, dieses Verhalten unter Signalkontrolle zu stellen. Also vor dem Click, wenn der Hund auf der Seite liegt, geben wir nun zunächst das Kommando, gerne auch mit einem Sichtzeichen gleichzeitig. Unmittelbar danach folgt wieder der Click und die Belohnung.

Ende des Shapings festlegen

Wenn wir den Beginn des Trainings mit einem bestimmten Signal einleiten, dann sollte auch am Ende ein Signal wie „Freizeit", „Fertig" oder „Ende" unserem Hund sagen, dass jetzt kein Bedarf mehr für aktive Verhaltensweisen besteht.

Wenn was nicht klappt

Gerade beim Shapen kann man nicht planen. Hier müssen wir nehmen, was unser Hund uns anbietet. Möchten wir einen kleinen Trick trainieren, aber unser Hund zeigt kein dazu passendes Verhalten, ist das eben so. Eine Möglichkeit wäre dann, sich damit abzufinden, dass es eben jetzt nicht klappt oder dem Hund mit einem Leckerchen zu zeigen, was wir möchten.
Denkbar und erlaubt beim Shapen ist aber auch, Umgebungen und Situationen zu schaffen, die es unserem Hund ermöglichen, das von uns gewünschte Verhalten zu zeigen, wie bspw. das Training im Schnee oder auch das Tropfen von leckerem Sirup auf die Nase, damit er provoziert wird, sich über die Nase zu lecken, wenn wir das für unseren Trick benötigen.
Wichtig ist aber, Shapen kommt immer ohne Zwang, ohne Tadel und selbstverständlich ohne Strafe aus.

Richtig Spielen mit dem Hund

Viele Hunde sind einfach zu bespaßen, man schmeißt einen Ball, einen Futterbeutel oder zergelt mit einem Tau. Der Vierbeiner hat Spaß und wir vielleicht auch noch. Spielen kann aber auch zu Fehlverknüpfungen beim Hund führen, wenn wir es falsch machen. Richtig eingesetzt kann unser

Hund im Spiel mit uns aber auch viel lernen und sich weiterentwickeln. Gerade beim Zergeln mit Tau, Seil, Ball mit Band oder Beißwurst hört man immer wieder Warnungen, gerade von Hundeschulen und Trainern, die von sich behaupten, rein positiv zu arbeiten. Wir wollen zunächst diese Bedenken kurz ins richtige Licht rücken, bevor es dann darum geht, wie man richtig mit Hund spielt.

Bällchen- und Frisbeewerfen erzeugt bzw. fördert den Jagdtrieb und macht süchtig

Den Jagdtrieb fördert das Werfen von Spielzeug sicherlich nicht. Entweder hat unser Hund einen Jagdtrieb oder nicht. Dieser ist genetisch vorgegeben und kann nicht durch Spielen entstehen. Allerdings ist es richtig, dass ein Hund mit Jagdtrieb und Beutetrieb insofern auf Bällchen und Frisbee reagiert, als diese zu jagen eine Ersatzhandlung darstellt, die durchaus auch Glückshormone freisetzt. Dadurch kann sich ein Suchtverhalten entwickeln, das unseren Hund zum Ball-Junkie macht. Bei einigen Hunden reicht es schon, wenn sie zufällig einen Ball am Straßenrand finden, ohne dass wir mit ihm häufiger damit spielen. Möchte man aber einen Hund mit Jagd- und Beutetrieb glücklich sehen und bspw. Anti-Jagd-Training mit ihm machen, dann ist es eben wichtig, für Ausgleich zu sorgen. Ein Hund, der Wild, Fahrradfahrer und Co. nicht jagen darf und von dem wir in dieser Hinsicht Verzicht verlangen, muss auf der anderen Seite aber seine Triebe befriedigen können. Das geht eben nur, wenn

wir auch seinen Jagdtrieb befriedigen, bspw. mit Bällchen oder Frisbee-Scheibe. Dabei geht es nicht um die Bewegung an sich, sondern um das „Hinterherjagen". Das befriedigen wir nicht durch Laufen am Fahrrad oder Joggen mit Hund. Wichtig ist dabei aber, ein Suchverhalten zu unterbinden. Das heißt Spielen mit System und Sinn und Verstand.

Frisbeescheiben und Bälle sind für viele Hunde ein tolles Spiel, das ihren Jagdtrieb befriedigt. Suchtpotential nicht ausgeschlossen!

Foto: Spona

Zergeln mit Hund führt zu aggressivem Verhalten

Dies hört man immer wieder von Trainern, die von sich behaupten, nur positiv zu arbeiten. Wenn wir mit einem Hund zergeln möchten, dann heißt das, einerseits animieren wir ihn, das Tau festzuhalten und daran zu ziehen. Andererseits kommt natürlich irgendwann der Punkt, wo wir das Spiel beenden möchten. Dazu gibt es zwei Möglichkeiten, wir geben nach und lassen los und überlassen unserem Hund das Spielzeug. Wir nehmen es erst dann weg, wenn unser Hund das Interesse daran verloren hat. Das ist eine unschöne Situation, denn viele Hunde werden sich dann mit dem Zergel aus dem Staub machen und es zerlegen und sich im schlimmsten Fall nicht einfangen lassen. Zudem lernt unser Hund dann, dass er beim Zergeln mit uns immer der Sieger ist, der am Ende die Beute hat. Bei einem unsicheren Hund kann das zu mehr Selbstvertrauen führen und ist gut. Bei einem eher sicheren Hund, der vielleicht schon Ansätze von Ressourcen-Verteidigung zeigt, kann das Übel ins Auge gehen. Er lernt dann nur, er ist der Boss und er bekommt am Ende die Beute. Wehe dem, wir nehmen einem solchen Hund das Spielzeug im falschen Moment ab ...

Info: Ressourcenverteidigung

Ressourcenverteidigung oder Ressourcen-aggression ist eine sehr häufige Form von Aggression. Der Hund verteidigt in dieser

Situation eine Ressource, die ihm sehr wichtig ist, gegen Menschen und andere Tiere, von denen er ausgeht, dass sie ihm die Ressource streitig machen. Beim Wolf und bei anderen Raubtieren ist das ganz natürlich, denn wenn sie einfach jede Beute an den nächsten ohne Gegenwehr abgeben würden, müssten sie verhungern. Ressourcenverteidigung kann bei jedem Hund unabhängig von der Rasse vorkommen, selbst der liebste Labrador wird unter Umständen sein Futter verteidigen oder der Chihuahua seinen Platz auf der Couch. Was für den Hund eine Ressource ist, lässt sich oft nicht gut erkennen. Für den einen ist es der Liegeplatz und für den nächsten die Wasserschüssel und der dritte verteidigt sein Spielzeug. Beim gleichen Hund kann das natürlich auch über den Tagesverlauf oder auch im Laufe seines Lebens wechseln.

Zerrspiele machen Hunde auch gerne untereinander. Es ist eine Art Kräftemessen und kann Selbstvertrauen stärken. Hier mein Deutsch-Drahthaar mit 11 Wochen und meine Mali-Hündin mit neun Jahren. Das Problem war hier, dass meine Hündin ihn immer hat gewinnen lassen. Heute ist es so, dass er ihr gegenüber Ressourcen jeder Art verteidigt. Was Hänschen nicht lernt ...

Genau das ist der Grund, warum von vielen nur positiv arbeitenden Trainern davor gewarnt wird, zu zergeln. Sie haben nur diese

eine Möglichkeit im Repertoire, wie das Spiel beendet werden kann, falls der Hund in dieser Situation kein sicheres „Aus"-Kommando ausführt. Die zweite Möglichkeit, das Spiel zu beenden besteht nämlich darin, entweder einen Beutetausch zu machen (mehr dazu weiter unten) oder wenn das nicht geht, den Hund ins Platz zu legen und ein „Aus"-Kommando durchzusetzen. Im Zweifel eben auch mit körperlicher Begrenzung. Beides ist aber nicht mehr rein positiv, weil es im besten Fall zu Frust beim Hund führt im schlechtesten Fall das „Aus"-Kommando als positive Strafe fungiert. Gerade beim Zergeln ist die Platz-Position sinnvoll, weil ein Hund, der wirklich „Platz" macht, gleichzeitig nicht gut zergeln kann.

Fazit: Zergeln ja, aber richtig

Zergeln gehört zu den wenigen Arten des Spiels mit unserem Hund, der die Bindung zwischen Hund und Mensch stärkt. Zergeln kann er nur mit uns, niemals alleine. Wenn er zergeln möchte, muss er zu uns kommen. Wir haben ihn dann in unserer Nähe und könnten ihn bspw. am Halsband festhalten und anleinen, wenn nötig. Wir sollten uns aber vorab darüber im Klaren sein, wie wir das Spiel beenden wollen und können und welche Methoden wir dafür einsetzen möchten. Wer wirklich rein positiv arbeiten möchte, sollte abhängig vom Hundetyp auf Zergeln verzichten.

Mit Beutetausch lernt ein Hund abzugeben

Beutetausch liegt dann vor, wenn wir unseren Hund animieren, ein Spielzeug abzugeben und er dafür ein neues bekommt. Dabei wird dann ein „Aus"-Kommando mit dem Abgeben des Spielzeugs verknüpft und mit dem Werfen des Zweiten belohnt. Auf diese Weise lernt ein Hund nicht, ein Spielzeug abzugeben, sondern lediglich wird ein Verhalten unter Signalkontrolle gestellt und lässt sich damit später abrufen. Richtig gemacht und häufig trainiert führt das dazu, dass unser Hund das „Aus"-Kommando positiv verknüpft. Allerdings auch deshalb, weil er dann die Erwartung aufbaut, ein neues zu bekommen. An diesem Punkt muss man also aufpassen, dass unser Hund auch über ausreichend Impulskontrolle verfügt, um sich das nächste Spielzeug nicht automatisch zu nehmen und uns dabei in die Hände hackt.

Quietsche-Spielzeug macht Hunde aggressiv

Ja und nein. Hier kommt es sehr auf den Hund und seine Veranlagung und auf die Frequenz des Quietschetons an. Klingt es aus Sicht des Hundes wie das Quietschen einer Beute, kann das durchaus dazu führen, dass unser Hund darauf mit Beutefangverhalten und Beuteaggression reagiert. Im besten Fall wird er das Spielzeug auseinandernehmen und auch nicht abgeben, selbst dann, wenn wir zuvor ein „Aus"-Kommando positiv trainiert haben. Es gibt aber auch Hunde, die nehmen den Ton eher wie das Quietschen und Jammern von Welpen wahr und gehen dementsprechend sehr fürsorg-

AdobeStock: chendongshan

lich mit diesen Spielzeugen um. Hier kann aber im Einzelfall Ressourcenaggression ins Spiel kommen, wenn wir versuchen, solchen Hunden das Spielzeug abzunehmen.

Spielzeug in Hundespielgruppen führt zu Aggression

Das ist eine Aussage, die auf jeden Fall zutrifft. Bei Welpen ist das noch vergleichsweise harmlos, aber bei Junghunden und erwachsenen Hunden haben Spielzeuge im Hundefreilauf mit mehreren Hunden oder in Spielgruppen nichts zu suchen. Streit ums Spielzeug oder Ressourcenverteidigung führen hier sehr schnell zu wirklich blutigen Auseinandersetzungen. Auch wenn von zehn Hunden neun problemlos damit umgehen können, reicht ein einziger, der das Spielzeug haben möchte oder bereits hat und vehement verteidigt.

Ein positiv besetztes „Aus“ mit Beutetausch

Auch wenn ein „Aus“-Kommando, das mit Beutetausch konditioniert wurde, dem Hund nicht beibringt, Beute abzugeben, ist es dennoch in vielen Situationen eine gute Sache. Und das Training ist ganz einfach und macht den meisten Hunden richtig Spaß. Wichtig ist dabei, zwei gleichwertige Spielzeuge zu haben. Gleichwertig heißt bei vielen Hunden nicht nur das gleiche Material, die gleiche Größe, sondern auch die gleiche Farbe.

Wir schmeißen das Spielzeug von uns weg, sodass unser Hund hinterherlaufen und es aufheben kann. Sollte er nicht von sich aus wieder in unsere Richtung kommen, dann rufen wir ihn und zeigen ihm das zweite Spielzeug, damit wir ihn dadurch veranlassen, in unsere Richtung zu kommen.

Kommt unser Hund dann an uns vorbei, schmeißen wir den zweiten Ball in Laufrichtung unseres Hundes von uns weg. Genau in diesem Moment geben wir das Kommando „Aus“. Sobald unser Hund den Ball fallen lässt, heben wir ihn auf. Kommt er nun wieder, nachdem er den zweiten Ball geholt hat in unsere Richtung, werfen wir den Ball, den wir jetzt haben, wieder in Laufrichtung des Hundes von uns weg. Dies wiederholen wir einige Male.

Hinweis

Es ist nicht schlimm, wenn unser Hund am Anfang den Ball nicht loslässt, wenn wir „Aus" sagen und den zweiten Ball werfen. Er weiß ja noch nicht, was das „Aus" bedeutet. Viele Hunde lassen aber das Spielzeug fallen, wenn sie ein Anderes sehen oder dieses fliegt. Das ist optimal. Wenn unser Hund mit dem Ball in der Schnauze hinter dem anderen herläuft, macht das aber nichts. Wir müssen uns dann nur zu dem zweiten Ball bewegen. Denn spätestens dort können wir den Ball vom Hund einsammeln, wenn der ihn am Ziel loslässt oder den, den wir geworfen haben. Der Hund wird schnell lernen, „Aus" heißt, es fliegt der zweite Ball und ich kann den anderen bedenkenlos fallen lassen. Am Anfang kostet es uns vielleicht ein wenig Lauferei, die sich aber lohnt.

Der nächste Schritt besteht darin, mit dem Werfen und dem „Aus"-Kommando so lange zu warten, bis unser Hund wirklich dicht bei uns ist. Wir locken ihn zu uns und strecken ihm schon mal die Hand entgegen. Kommt er dicht ran, animieren wir ihn, den Ball abzugeben, bspw. indem wir ihm den zweiten Ball präsentieren. In dem Moment, wo er den Ball fallen lässt, kommt das „Aus"-Kommando und der andere Ball fliegt in Laufrichtung des Hundes von uns weg. Auch dies wiederholen wir einige Male, bis unser Hund verstanden hat, der zweite Ball fliegt erst, wenn er den ersten abgibt.

Im nächsten und letzten Schritt, animieren wir unseren Hund dazu, mit dem Ball zu kommen, ohne dass er den zweiten sieht. Klappt auch das und gibt er auf das „Aus"-Kommando den Ball ab, können wir entweder den zweiten oder auch den gerade abgegebenen Ball noch einmal werfen.

Tipp: Spiel beenden

Natürlich werden Sie es nicht schaffen, alle Schritte in einem einzigen Training durchzuführen. Irgendwann kommt natürlich der Punkt, wo wir das Training beenden möchten und daher auch der Hund den Ball abgeben muss, ohne dass er erneut fliegt. Genau hier ist der Nachteil beim Beutetausch zu sehen, denn Beutetausch führt am Ende fast immer zu Frust beim Hund und ist daher in meinen Augen nicht mehr rein positiv zu sehen. Bei Hunden, die zumindest auch auf Leckerchen stehen, tauschen wir am Ende das Spielzeug gegen ein hochwertiges Leckerchen, gerne auch durch Werfen, wie beim Ball. Interessiert sich unser Hund weniger für Leckerchen, dann können wir nicht wirklich mit unserem Hund tauschen. Dann hilft nur, an irgendeinem Punkt einfach nicht mehr neu zu werfen und die Bälle einzustecken. Optimal wäre es, einen Zeitpunkt zu erwischen, wo unser Hund sich etwas schlechter als vorher verhält. Hat er zuvor den Ball schon

mehrfach losgelassen, sobald der zweite Ball flog und hat er ihn jetzt noch ein paar Meter mitgenommen, wäre das eine Situation, wo wir im optimalen Fall beide Bälle aufheben und wegstecken. Aber das ist dann wohlgemerkt auch nicht mehr rein positiv, weil dann das Beenden des Spiels eine Strafe ist.
Sind wir nicht schnell genug, um beide Bälle einzusammeln, dann hilft es oft, den Hund mit dem Ball in die „Platz"-Position zu bringen, ihn anzuleinen und einfach zu warten. Die meisten Hunde haben gar kein Interesse mehr am Ball, wenn sie nicht hinterherlaufen können und lassen ihn irgendwann fallen. Da ist dann der Moment, wo wir unseren Hund mit einen tollen Lob und vielleicht einem Leckerchen einfach mitnehmen und den Ball später ohne Hund wieder einsammeln.

AdobeStock: Cloudbursted,Grigory Bruev

Wenn was nicht klappt

Es gibt Hunde, die sich mit dem zweiten Spielzeug nicht locken lassen und sich damit aus dem Staub machen. Hier empfiehlt es sich, eine Schleppleine zu nutzen, um das zu verhindern und die Bälle nicht weiter zu werfen, als die Schleppleine reicht. Wir wollen unseren Hund ja nicht in die Leine rennen lassen, sondern nur dafür sorgen, dass wir ihn begrenzen. Er soll lernen, dass es sich lohnt, zu uns zu kommen.
Sollte unser Hund immer nur ein Spielzeug zugunsten des anderen loslassen, das andere aber dann nicht mehr, ist für ihn das eine Spielzeug höherwertig als das andere. Hier sollten Sie dann über wirklich identische Spielzeuge nachdenken.
Wenn unser Hund sich für Spielzeug nicht interessiert, ist es schwierig, das „Aus" zu trainieren. Aber dann ist es auch kaum notwendig.

Richtig zergeln

Zerrspiele sind für unsere Hunde ein Mittel, um Kräfte zu messen. Sie fördern die Verteidigung von Beute und können dadurch potentiell auch zu unerwünschten Aggressionen führen. Sie können aber eben auch das Selbstvertrauen unsicherer Hunde stärken und die Bindung zum Hundeführer verbessern.

Vorbereitung

Ist Ihr Hund eher beuteorientiert wie viele Hütehunde und Jagdhunde, dann macht es Sinn, zunächst über Beutetausch ein positives „Aus"-Kommando zu trainieren, bevor Sie mit Zerrspielen beginnen. Auch das „Platz"-Kommando sollte sicher funktionieren und der Hund auch längere Zeit die Position halten. Bei sehr unsicheren Hunden ist dies nicht zwingend erforderlich, weil wir diese eher motivieren müssen festzuhalten.

Die meisten Hunde, die überhaupt Interesse an Spielzeug haben, lassen sich durch hektische Bewegung gerne zum Spielen animieren und laufen bzw. springen dem Zergel hinter. Im optimalen Fall leiten wir den Beginn des Spiels mit einem Signal wie „Los" oder ähnlichem ein, damit unser Hund später unterscheiden kann, wann er darf und wann nicht. Diese hektischen Bewegungen zum Einleiten des Spiels sollten allerdings später in etwas ruhigere Bewegungen übergehen, damit unser Hund auch die Chance hat, das Zergel zu greifen.

Bei kleinen Hunden und Hunden mit gesundheitlichen Problemen, die nicht springen sollen, empfiehlt es sich, das Zergel nah am Boden zu halten.

Immer wieder sollten wir allerdings das Spiel unterbrechen und Gehorsam und Impulskontrolle einfordern, damit unser Hund nicht zu stark hochfährt. Wichtig ist dabei, wenn wir dem Hund das Zergel abnehmen möchten, halten wir es dazu vorher ganz ruhig, möglichst auch ohne Zug darauf. Die meisten Hunde lassen dann von alleine los und wir sagen nur noch das „Aus"-Kommando, wenn der Hund loslässt.

Belohnt wird unser Hund dann entweder ver-

bal oder mit einem Leckerchen, wenn er brav wartet, mit dem Zergel vor der Nase. Unmittelbar danach beginnen wir das Spiel erneut mit dem Kommando für den Spielbeginn.

Im weiteren Verlauf des Trainings sollte unser Hund natürlich auch lernen, ohne Körperhilfen ruhig zu warten, wenn das Spielzeug in Sicht ist.

Bei Hunden, die nur sehr zaghaft das Zergel festhalten und deren Selbstvertrauen wir stärken wollen, macht es Sinn, nicht zu viel Gegenzug zu erzeugen und nachzugeben wenn unser Hund etwas Zug auf das Zergel ausübt. So motivieren wir ihn für die Zukunft, stärker zu ziehen. Solchen Hunden dürfen wir auch gerne mal das Zergel überlassen und einfach loslassen, wenn sie kräftiger als üblich ziehen. Ein „Sieg" stärkt das Selbstvertrauen und motiviert. Allerdings ist es wichtig, den Hund nicht immer gewinnen zu lassen.

Ballspielen und Frisbee – die Dosis macht´s!

Alles, was Suchtpotential hat, wie Bällewerfen und Frisbeescheiben, aber natürlich auch Dummys und alles andere, wo unsere Hunde hinterherjagen dürfen, sollte nur in Maßen eingesetzt werden. Grundsätzlich ist es hierbei wichtig, dass unser Hund mit Ruhe zum Ziel kommt, nicht mit Aufregung, Bellen und Quietschen.

Jedes Spiel, bei dem es vorrangig um das Jagen nach sich bewegenden Objekten geht, hat ein gewisses Suchtpotential und sollte vorsichtig und gut dosiert betrieben werden.

Das heißt, Sie sollten sich beim Spiel an folgende recht einfache Regeln halten und das am besten gleich vom ersten Tag an.

1. Im optimalen Fall sieht unser Hund das Spielzeug deutlich vor dem Beginn des Spiels, damit er nicht zu schnell lernt, das Spielzeug mit Aufregung zu verknüpfen. Das wird ohnehin mit der Zeit kommen. Also darf unser Hund ruhig zusehen, wie wir das Spielzeug einstecken, bspw. wenn wir zu einem Spaziergang aufbrechen.

2. Das Spiel sollte nicht immer zuverlässig an der gleichen Stelle auf dem Gassiweg kommen. Wenn wir regelmäßig mit unserem Hund an der gleichen Stelle das Spiel beginnen, dann wird er immer schon früher in Vorfreude versetzt und sollte das Spiel an dieser Stelle einmal ausfallen, warum auch immer, wird er höchstwahrscheinlich lautstark protestieren. Wann und auch, ob auf der Gassirunde gespielt wird, sollte sehr variabel gehalten werden und auch wenn das Spielzeug dabei ist, sollte das Spiel durchaus mal komplett ausfallen.
3. Spielen sollten wir niemals so lange, bis unser Hund keine Lust mehr hat und das zeigt. Denn im optimalen Fall lernt unser Hund, wir beginnen das Spiel und wir beenden es, nicht er. Das heißt aber nicht, dass wir nach einem kurzen Spiel am Anfang der Gassirunde am Ende nicht noch eines einschieben können.
4. Gespielt wird nur, wenn unser Hund sich zuvor ruhig verhält, nicht selbst nach dem Spielzeug greift, nicht bellt und quietscht, sondern entspannt ist. Ebenso endet das Spiel, wenn sich das Verhalten unseres Hundes entsprechend verändert.

Auch diese Regeln sind natürlich keine Gewähr, dass sich nicht doch ein Suchtpotential entwickelt. Allerdings wird dies bei konsequenter Anwendung der Regeln schnell wieder abzustellen sein, denn ein Balljunkie wird eben nicht ruhig und entspannt im Angesicht des Spielzeugs sein. Das heißt, in diesem Fall beginnt das Spiel gar nicht erst und unser Hund lernt, dann relativ schnell wieder, Ball bedeutet nicht Aufregung und Spaß.

Wichtig!

Alle Familienmitglieder müssen sich an diese Regeln halten. Auch die Kinder, denn sonst wird sich ein Suchtverhalten weder abstellen noch verhindern lassen.

Wenn was nicht klappt

Dreht der Hund zu schnell auf, hilft nur gegensteuern. Das heißt, mit dem Spielzeug vor der Nase des Hundes Ruheübungen machen und das aufgeregte Verhalten ignorieren.

Bringt Ignorieren keine Besserung, dann das Spielzeug wieder wegstecken, dass es aus dem Blickfeld ist und erneut warten, bis Ruhe einkehrt. Das sollte auf jeden Fall so lange wiederholt werden, bis unser Hund gelernt hat, sich auch beim Anblick des Spielzeugs im Griff zu haben. Gelingt das trotz Training nicht, sollten wir überlegen, ob wir nicht darauf verzichten, mit diesem Hund so zu spielen. Dann eignen sich für die Beschäftigung eher andere Dinge, wie Suchspiele oder Hundesport, wie Longieren oder Hoopers, wo unser Hund Bewegung hat und auch geistig gefordert wird.

Brain-Gym: Wie wir unseren alten Hund geistig fit halten.

Leider ist es so, dass unsere Hunde nicht so lange leben wie wir. Sie altern einfach viel schneller, ob wir das wollen oder nicht. Umso wichtiger ist es, die verbleibende Zeit miteinander so lang und angenehm für unseren Hund wie möglich zu gestalten. Und dann kommt der Punkt, an dem die geistigen und körperlichen Fähigkeiten nachlassen. Hier gilt es dennoch, unserem Hund die gleiche Aufmerksamkeit zu widmen wie früher, als wir vielleicht noch Hundesport mit ihm gemacht haben oder stundenlang spazieren gegangen sind. Auch wenn unser alter Hund das nicht mehr kann, gibt es immer noch tolle Sachen, die wir mit ihm machen können und die Geist und Körper fit halten, so lange es geht.

AdobeStock: doda, Tbergphoto,Fauren

Targettraining hält Körper und Geist fit

Viele ältere Hunde haben Probleme mit fehlender Rückenmuskulatur oder Muskeln auf der Hinterhand. Die vorhandene lässt sich durch entsprechendes Training aber länger halten und im besten Fall sogar neue Muskeln aufbauen. Der Aufwand hält sich dazu in Grenzen. Eine einfache Möglichkeit ist das Targettraining mit einem Balance-Kissen oder einem Wackelbrett. Fehlt schon sehr viel Muskulatur und der Hund ist schon sehr schwach hinten, sollte das Balance-Kissen die erste Wahl sein.

Vorsicht, Tierarzt oder Physiotherapeuten zu Rate ziehen

Wer solche Übungen zum Muskelaufbau machen möchte, sollte abhängig vom Gesundheitszustand des Hundes vorab seinen Tierarzt oder den Physiotherapeuten zu Rate ziehen. Es ist wichtig, weder den Hund zu überfordern, noch mittels Übungen andere gesundheitliche Probleme zu verschlechtern.

Hinweis

Das Kissen wackelt und gibt nach, unser Hund muss die Muskeln entsprechend anspannen, um das Gleichgewicht zu halten. Muskelaktion führt auch zu Muskelaufbau, erfordert aber auch die Existenz von einem Mindestmaß an Muskeln. Je nachdem, wie die aktuelle Bemuskelung des Hundes ist, sollten Trainingseinheiten von 2-3 Minuten nicht überschritten werden, sonst hat unser Hund am nächsten Tag Muskelkater. Also lieber kurze Einheiten über den Tag verteilt als eine zu lange.

Im ersten Schritt motivieren wir unseren Hund dazu, sich mit einer Vorderpfote auf das Kissen zu stellen. Wir können ihm auch helfen, indem wir ihn mit einem Leckerchen auf das Kissen führen. Wir belohnen ihn, wenn er mit der Pfote das Kissen berührt oder richtig feste drauf steht. Um ihn dann erneut motivieren zu können, auf das Kissen zu steigen, macht es Sinn, ein Leckerchen etwas vom Kissen entfernt zu werfen, damit er dann wieder zum Kissen laufen muss. Das wiederholen wir einige Male, bis unser Hund zügig und bewusst mindestens eine Pfote auf das Kissen stellt.

Klappt das mit einer Pfote, versuchen wir ihn zu animieren, beide Vorderpfoten auf das Kissen zu stellen. Wenn das klappt, wird er nur noch belohnt, wenn beide Pfoten auf dem Kissen stehen.

Das gleiche kann man auch mit den Hinterpfoten machen. Allerdings sollten Sie hier bedenken, dass der Hund hinten das Kissen nicht sieht, sondern es ertasten muss. Das geht nur, wenn unser Hund in der Hinterhand noch ausreichend Tastsinne hat. Meine Malinois-Hündin im Bild ist auf der Hinterhand schon sehr stark eingeschränkt und hat kaum noch Reflexe. Das Ertasten des Kissens ist daher für sie sehr schwer und beide Hinterpfoten gleichzeitig stellt sie vor ein großes Problem. Sie kann dann aufgrund der fehlenden Muskeln das Gleichgewicht kaum noch halten.

Positiv aufgebaut haben die meisten Hunde Spaß daran, sich auf das Kissen zu stellen. Wer möchte, und vor allem wer seinem Hund das Target nicht nur für die Vorderbeine, sondern auch für die Hinterbeine beigebracht hat, kann dies dann auch unter Signalkontrolle stellen. Dazu brauchen Sie lediglich das Kommando, bspw. „hinten" oder „vorne" sagen und danach bestätigen, wenn der Hund mit beiden entsprechenden Pfoten auf dem Kissen steht.

AdobeStock: annaav,Mike

Wenn was nicht klappt

Möchte sich unser Hund auch mit Hilfe nicht auf das Balance-Kissen stellen, dann liegt das vielleicht daran, dass er sich auf dem wackelnden Untergrund unwohl fühlt. Das kann an seiner körperlichen Verfassung liegen. Dann kann auch einfach eine dünne Matte oder etwas Ähnliches, das nicht wackelt, als Target verwendet werden. Der Nutzen für den Muskelaufbau entfällt dann natürlich, aber die geistige Beschäftigung ist dennoch da.

Macht Ihr Hund das mit den Vorderpfoten sehr gut, hinten will es aber nicht klappen, können Sie versuchen, vorsichtig eine Hinterpfote nach der anderen auf das Target zu setzen. Dann kann der Hund erst einmal lernen, wie es sich hinten anfühlen soll. Vorausgesetzt, er hat ausreichend viel Gefühl in seinen Hinterläufen, ist das sicherlich eine praktikable Möglichkeit.

Suchspiele für geistige Fitness

Der Geruchssinn ist der wichtigste Sinn für unsere Hunde und der, der am längsten bis ins hohe Alter erhalten bleibt. Selbst wenn unser Hund körperlich nicht mehr gut zurecht ist, nicht mehr gut hört und schlecht laufen kann, können wir ihn doch mit Suchspielen immer noch beschäftigen und geistig so weit wie möglich fit halten.

Kleine Leckerchen zu suchen ist die einfachste Form des Suchspiels. Je weniger sie riechen, desto mehr muss er sich anstrengen. Mit jedem gefundenen Leckerchen belohnt sich unser Hund selbst. Wir müssen also nur den Anstoß geben, indem wir die Leckerchen auf dem Boden verteilen, sodass unser Hund es mitbekommt.

Auch die Nasenarbeit kann körperlich sehr anstrengend sein. Untersuchungen haben gezeigt, dass intensiv suchende und gut trainierte Fährtenhunde im Verlauf der Suche eine um bis zu 2 Grad erhöhte Körpertemperatur haben. Auch der Blutdruck steigt! Daher sollten Sie unbedingt darauf achten, ob der Hund Zeichen von Stress und Anstrengung zeigt, denn gerade alte Hunde stecken das

nicht mehr so ohne weiteres weg. Ein Hund, der wie hier schon mit hoher Nase und geöffneter Schnauze sucht oder dabei vielleicht richtig anfängt zu hecheln, zeigt, dass es sinnvoll ist, die Suche zu beenden. Natürlich immer positiv mit einer guten Portion Leckerchen als Entschädigung.

Tipp

Bei Hunden, die zwar ein körperliches Handicap haben, aber sonst noch sehr fit sind, ist ein Teil des Spürhundesports, wie beispielsweise die Objektsuche oder Sniffledog eine schöne Alternative. Da wird dann eben kein Leckerchen gesucht, sondern andere Dinge wie kleine Gegenstände oder beim Sniffledog Kamillegeruch. Und wer seinen Hund in der Wohnung beschäftigen möchte, versteckt die Leckerchen einfach in einem Schnüffelteppich, die man gut selber machen oder auch im Handel erwerben kann.

Wenn was nicht klappt

Egal, was wir mit unserem älteren Hund an Nasenarbeit machen. Es ist wichtig, zu sehen, wo seine Grenzen sind. Gerade alte, vielleicht schon etwas gebrechliche Hunde zeigen viel zu spät, wenn sie nicht mehr können. Wir überfordern sie daher viel zu schnell. Klappt was nicht? Egal! Es ist doch unser liebenswerter alter Hund, der keine Leistung mehr bringen muss, den wir nur zu seinem Wohl beschäftigen. Wenn er nicht möchte oder was falsch macht, was macht es schon? Einfach ein Leckerchen geben und das Training für heute beenden.

Schlusswort

Herzlichen Glückwunsch.

Sie wissen jetzt, wie Ihr Hund lernt, wie Sie ihn motivieren, das Gelernte abzuspeichern und es wieder einfordern.
Sie wissen, was sich rein positiv trainieren lässt und wo die Grenzen rein positiven Trainings liegen. Sie haben erfahren, wie Sie Grenzen setzen und durchsetzen können, ohne Schmerz- und Schreckreize.
Sie wissen jetzt, wie wichtig, Ruhe, Impulskontrolle und Frustrationstoleranz sind und wie Sie die bei Ihrem Hund fördern und trainieren.
Sie haben Ideen bekommen, wie Sie Ihren Hund beschäftigen und geistig und körperlich fördern können.

Ich wünsche Ihnen viel Spaß mit Ihrem Hund, viele erfolgreiche und tolle Trainingseinheiten und Spaß auf Ihrem gemeinsamen Weg mit Ihrem Vierbeiner.

In diesem Buch erfahren Hundehalter alles über die Heilmethoden von Naturheilkunde und Schulmedizin und vor allem, was sie selbst für ihr Tier tun können. Die Autorin erläutert verständlich und kurzweilig, was bei einer Allergie im körpereigenen Immunsystem falsch läuft, welche Therapien, Medikamente und Futtermittel wirklich helfen und worauf man verzichten sollte. Wer endlich die Krankheit seines Hundes verstehen und für sein Wohlergehen selbst aktiv werden will, findet hier den Schlüssel dazu.

Softcover, 156 Seiten. Farbig mit Bildern.
ISBN 978-3-910503-10-6
16,90 €

Ein Chihuahua mag zwar körperlich klein sein, er selbst sieht sich aber ganz anders. Ein Chihuahua ist für jeden Menschen der perfekte Begleiter. Und er ist auch leicht zu erziehen. Man muss nur wissen, wie. Kluge und mutige Hunde wie der Chihuahua brauchen mehr Erziehung und weniger Training. Ansonsten droht der „Napoleon-Komplex". Ein Chihuahua will verstehen, danach bietet er vieles freiwillig an. Wie dies gelingt, lernt jeder Interessierte in diesem umfangreichen Praxisbuch.

Softcover, 116 Seiten. Farbig mit Bildern.
ISBN 978-3-910503-09-0
15,80 €

Warum hören Hunde nicht, sind widerspenstig, greifen Artgenossen an oder ziehen an der Leine? Hundetrainerin Cris Bilinski hat ihre Erfahrungen in diesem praktischen Ratgeber zusammengefasst und zeigt mit vielen praktischen Tipps, welche Joker Hundehalter ziehen können, um mit ihrem Hund auf eine Ebene blinden Verständnisses zu kommen. Wenn Menschen verstehen, was im Körper und Gehirn ihres Hundes vor sich geht, sehen sie den Alltag plötzlich mit anderen Augen und wissen instinktiv, was zu tun ist.

Softcover, 72 Seiten. mit vielen liebevollen Illustrationen
ISBN 978-3-910503-07-6
9,99 €

Der ganzheitliche Ansatz für Hunde mit Hüftgelenks- oder Ellenbogendysplasie.

Wenn beim Hund HD oder ED diagnostiziert wird, fallen viele Halter aus allen Wolken, scheint doch eine Operation unumgänglich ... Doch ist diese aufwändige Operation wirklich das einzige Heilmittel? Und hilft sie in jedem Fall? Es gibt Alternativen, die ein vergleichbares Ergebnis haben und weniger belastend sind. Die Alternative zur OP fußt auf mehreren Säulen, die in diesem Buch ausführlich beschrieben werden, so dass jeder sie Zuhause durchführen kann. Jeder kann diese multimodale Therapie kostengünstig und eigenständig Zuhause durchführen. Und das Beste ist: Sie dient sogar der Vorbeugung.

Softcover, 156 Seiten. Farbig mit Bildern.,
ISBN 978-3-910503-08-3
16,80 €

PHA
PETVET
AUS Liebe
ZUM TIER
Fit durch den Tag mit PHA!
PHA
PETVET
NaturSnack
Die gesunde, rein natürliche Belohnung
200 g
PHA
PETVET
GelenkSchutz
Unterstützt den Stoffwechsel
des Bindegewebes
Hilft den Bewegungsapparat zu stabilisieren
Kann Gelenkschäden und
Entzündungen vorbeugen
BEWEGLICHE
BÄNDER + GELENKE
150 g
Für Hunde und Katzen
Weitere Produkte finden Sie unter www.petvet-gmbh.de

<u>**Eine Auswahl aus unserem Programm**</u>

Im Minerva Verlag sind außerdem erschienen:

Ratgeber Welpen

Mit diesem Buch werden Sie und Ihr Welpe zum Dream-Team!

Wer möchte ihn nicht, diesen angenehmen, freundlichen Hund, der auch ohne Leine stets in unserer Nähe bleibt, den Blickkontakt sucht, sich im Büro geduldig auf seine Decke legt oder entspannt im Restaurant unter dem Tisch ein Nickerchen macht? Wir wollen, dass Sie mit Ihrem Hund die beste Zeit Ihres Lebens haben. Glauben Sie uns, Welpen zu erziehen ist ganz leicht. Es gibt einige wenige Faktoren, die für das Gelingen sorgen. Einige sind allgemein bekannt, andere nicht. Und oft wird zu Dingen geraten, die die Beziehung schädigen und die man besser vermeidet.
Wir helfen Ihnen herauszufinden, welcher Hund zu Ihnen passt, was er lernen soll und wie Sie es ihm positiv vermitteln. Wie Sie ihn gesund ernähren, ihn richtig pflegen und in einem Notfall sein Leben retten können. Und wir erklären Ihnen, welche Eigenschaften jeder Hund an einem Menschen bewundert. Denn auch Sie müssen lernen, ein guter „Hundemensch" zu werden. Das wird leider oft vergessen.

Softcover, 132 Seiten. Farbig mit Bildern.
ISBN 978-3-9815634-5-0
15,80 €

Berner Sennenhunde

Verstehen | Erziehen | Führen

Fühlt sich ein Berner verstanden, ist der Rest der Erziehung sein Geschenk an uns.
Ein Berner ist mehr als ein Hund. Er gehört zu den sogenannten Urhunden.
Was das genau heißt? Dieser flauschig-weiche Hund ist der geborene Lügen-Detektor. Ja, er kennt uns besser, als wir uns selbst! Zudem ist er kompromisslos ehrlich. Deshalb scheint seine Erziehung anders, als bei anderen Hunden.
Sie können uns glauben, einen Berner zu erziehen ist ganz leicht. Aber warum gelingt es dem einen so spielend, und dem anderen so gar nicht? In diesem Buch kommen viele Experten zu Wort, die diese Geheimnisse lüften und Sie in die Berner-Welt einweihen.

Wir zeigen Ihnen, wie Sie die Brücke zu seinem Herzen finden und aufbauen. Und dann? Folgt er Ihnen auch ohne Leine überall hin.

Unser Kraftpaket mag so robust erscheinen, aber auch er hat seine Empfindlichkeiten. Berners Schwäche? Die Achillesfersen. Erfahren Sie von einer Hundephysiotherapeutin, wo sie sitzen, wie Sie diese erkennen und warum ein Berner Kraftsport braucht. Damit Ihr flauschiger Riese bis ins hohe Alter stark, entspannt und beweglich bleibt, haben wir für Zuhause das exklusive Berner-Wohlfühl-Training.

Mit diesem Buch lernen Sie, Ihren Berner zu verstehen. Werden Sie gemeinsam immer sicherer. Denn je sicherer Sie sich fühlen, desto mehr entwickeln Sie sich zu dem, was sich jeder Berner wünscht: zu seinem sicheren Hafen!
Gemeinsam mit uns werden Sie ein eingespieltes Team!

Softcover, 132 Seiten. Farbig mit Bildern.
ISBN 978-3-9815634-7-4
15,80 €

15 Punkte, die das Leben mit Hund erleichtern!

Wie schaffe ich es, dass mein Hund mir blind vertraut? Ohne Leine überall hin folgt? Stets abrufbar und treu an meiner Seite steht? Kurz: Wie werde ich mit meinem Hund zum Dream-Team?

Cris Bilinski hat in über 45 Jahren als Hundetrainerin hautnah erlebt, wie wir uns und unserem Hund durch kleine Alltags-fehler große Probleme schaffen. Und sie hat praktische und klare Lösungen an der Hand, die funktionieren. Mit Herz und Sachverstand erzählt sie von 15 Hundeschicksalen, und mit jeder Geschichte entwickeln wir mehr Sachverstand und werden für unseren Hund zu einem besseren Menschen.

Softcover, 84 Seiten, Farbig mit Illustrationen., Handliches Format
ISBN 978-3-9815634-9-8
8,99 €

Minerva Verlag

Hunde tapen

Das Arbeitsbuch
von Alina Nierhaus

12 verschiedene Anlagen - 12 verschiedene Ziele.

Den eigenen Hund therapieren? Behandlungen unterstützen? Sogar Schmerzen nehmen? Hier ist die Lösung: kinesiologische Tapes. Bei Krankheiten des Bewegungsapparates kann jeder mit dem richtigen Taping kräftig zur Heilung beitragen. Taping ist eine einfache und sichere Methode, die jeder Hundemensch zu Hause durchführen kann. Das vielfältige Einsatzgebiet spricht für sich.

Heute wenden 80% der Physiotherapiepraxen Medical-Taping an. Aufgrund ihrer einfachen Handhabung und ihrer herausragenden Wirkung sind Tapes bei Menschen und Hunden sehr beliebt. Die Nachfrage nach Kursen steigt. Erfahren Sie jetzt, wie Sie Ihrem Vierbeiner im Alltag selbst helfen können.

Softcover, 44 Seiten, Farbig mit Bildern.
ISBN 978-3-9815634-8-1
9,80 €

Welpen fördern

Das Praxis- und Anleitungsbuch

Der nächste Wurf steht vor der Tür? Ein Welpe zieht ein? Damit Welpen auf sicheren Pfoten durchs Leben gehen, braucht es drei Dinge: Körperwahrnehmung, Koordination und Gleichgewicht.
Schon kurz nach der Geburt kann man starten, diese zu schulen und zu fördern. In diesem Buch lassen sich einfache Anleitungen zu Übungen finden, die engagierte Züchter und frisch gebackene Welpeneltern selbst trainieren können – für Anfänger, Fortgeschrittene und Profis.

Eine Checkliste hilft, die motorischen Fähigkeiten eines Welpen einzuschätzen. Jede Rasse hat ihre eigene Entwicklungsgeschwindigkeit, daher hilft der Vergleich mit den Wurfgeschwistern. Und wenn man Schwächen feststellt? Zeigt ein Welpe solche, lassen sie sich leicht mit den passenden Trainingsschritten beheben.

Extras:
- Schwimmersyndrom
- Impfreaktionen entgegenwirken

- Interview: Woran erkenne ich eine gute Krankenversicherung?

Softcover, 52 Seiten. Farbig mit Bildern.
ISBN 978-3-910503-00-7
9,90 €

Kräuter statt Tierarzt

Heilpflanzen für Hunde und Katzen

WER HEILT, HAT RECHT!
Gegen fast jede Krankheit ist ein Kraut gewachsen, weiß die erfahrene Tierheilpraktikerin Annette Dragun. Seit über zwei Jahrzehnten behandelt sie mit Erfolg Hunde, Katzen und Pferde. Heute blickt sie auf einen reichen Erfahrungsschatz zurück. „Jeder, der sich etwas Mühe gibt, kann lernen, sein Tier selbst zu behandeln", ist sie überzeugt. „Wir sollten mehr auf die Kraft der Natur vertrauen." Mit der Meinung ist sie nicht alleine. Die nachhaltige Medizin hat den Garten als Ort der aHeilung wiederentdeckt. Die „grüne" Apotheke lässt Beschwerden häufig ohne Nebenwirkungen ausheilen. Ganzheitlich. Und dann? Kehrt der Patient durch den Prozess der Krankheit stärker zurück, als er es vormals war.

Was Ihnen dieses Buch gibt:

- Sie lernen die besten Arzneipflanzen und Heilpilze kennen und haben immer ein schnelles, umfassendes Nachschlagewerk zur Hand.
- Sie erstellen eine Kräuterapotheke für den Hausgebrauch, mit der Sie Ihr Tier sanft und nachhaltig behandeln können.
- Bei leichten Gesundheitsstörungen helfen Sie Ihrem Haustier schnell mit den sanften Mitteln aus der Natur.
- Sie kochen Heiltees und Tinkturen und mischen Heilsalben.
- Extra: Vitalpilze / Mykotherapie

Softcover, 228 Seiten.
Farbig mit Bildern und Klappenumschlag.,
ISBN 978-3-9815634-6-7
24,80 €

Mixed Emotions

Die Kunst, jeden Mischling zu verstehen, Bindung zu schaffen und als Familienhund zu prägen.

Was geht in deinem Kopf nur vor? Haben Sie sich auch schon einmal gefragt, warum Hunde ganz unterschiedlich reagieren? Dieses Buch liefert die Antworten.

Dank der modernen Wissenschaft wissen wir, dass jede Hunderasse ein anderes Gehirn hat. Bei Retrievern ist beispielsweise der Bereich, der mit räumlichem Denken, Koordination und Blickrichtung zusammenhängt, viel stärker ausgeprägt als bei anderen Rassen, beispielsweise den Bulldoggen, die auf eine Vergangenheit in der Hetz- und Kampfszene zurückblicken können. Hier wiederum sind andere Gehirnregionen zuständig für unterschiedliche Reaktionsbereitschaft. Was aber geschieht im Gehirn von Mischlingen, wenn sich in ihnen verschiedenste Anlagen aus unterschiedlichen Rassehunden vereinen? Was treibt sie an? Was motiviert sie? Wie werden sie kontrollierbar? Was nimmt ihnen die Angst? Wie können sie konditioniert werden? Dieses Buch liefert die Antworten. Und hilft so jedem Halter, den eigenen Hund noch besser zu verstehen und auf natürliche Weise einfacher zu erziehen. Denn weil jedes Hundehirn anders ist, profitiert auch jeder Hund von einer individuellen Art der Erziehung.
Tauchen Sie mit Theodor Heßling ein und erforschen Sie die Vielfalt der Hundewelt. Ganz leicht verstehen Sie danach, warum das, was bei dem einen Hund wirkt, den anderen Hund kalt lässt. Werden Sie zum Erziehungsprofi und zu dem Menschen, den Ihr Hund braucht.

Theodor Heßling betreibt seit 1979 die überregional bekann-

te Hundeschule Heßling, die sich u.a. auch der Korrekturerziehung von Hunden mit großem Erfolg widmet. Er ist darüber hinaus mehrfach ausgezeichneter Züchter, Autor, Gerichtsgutachter und Sachverständiger für mehrere Länder in der Bundesrepublik sowie in verschiedenen Verbänden verantwortlich engagiert.

Softcover, 92 Seiten.
Farbig mit Bildern und Klappenumschlag.,
ISBN 978-3-910503-03-8
15,90 €

Follow me

Das Leadership-Praxisbuch für Rudelführer

WIE MAN ZUM RUDELFÜHRER WIRD.

Es gibt geborene Hundemenschen. Jeder Vierbeiner hängt an ihren Lippen, will ihnen gefallen, und läuft ihnen nach auf Schritt und Tritt. Aber was machen diese anders?

Es sind Menschen mit einer Führungspersönlichkeit. Sie bevorzugen einen Erziehungsstil, der eine gesunde Mischung zwischen der autoritären und der antiautoritären Erziehung ist.
Richtige Führung funktioniert, indem wir beide Formen auf gesunde Weise miteinander kombinieren, die Verantwortung für die Beziehung zum Hund übernehmen und unsere Gefühle kontrollieren.
Das Gute daran ist: Mindestens einen Teil davon haben Sie bereits drauf. Ihnen fehlt nur das Gegengewicht.

Das können Sie lernen. Radana Kuny nimmt den Leser an die Hand und stellt ihm einen Ansatz vor, der einen Zugang zum Hund schafft, der einzigartig ist.

„Lesen Sie dieses Buch. Es wird Sie verändern und Ihre Beziehung zu Ihrem Hund auf ein neues Level heben!"

In jedem von uns schlummert eine Führungspersönlichkeit.

Softcover, 156 Seiten mit Umschlagklappe,
ISBN: 978-3-910503-02-1
von Radana Kuny
19,90 €

Das Buch fürs Vermissen und Trösten!

Ein Erinnerungsbuch für den besten Hund der Welt, das Angehörigen Trost gibt.

Trauer braucht Wertschätzung. Hunde sind wichtig und sie stehen uns näher, als manche Menschen. Die Trauer über ihren Verlust darf sein, sie zu leugnen macht uns bitter.
Dieses liebevoll gestaltete Erinnerungsbuch hilft bei der Trauerbewältigung. Es verpackt den Schmerz in tröstende Worte, hüllt ihn in sanfte Bilder und bannt ihn auf Buchseiten. So verarbeitet, verblasst er mehr und mehr, ganz von alleine und schafft Raum für Neues.

Autorin: Claudia de la Motte

56 Seiten mit vielen liebevollen Illustrationen
Format 10,5 x 14,8 cm
ISBN 978-3-910503-04-5
8,99 €

Minerva Verlag